衢州柑橘生产标准汇编

QUZHOU GANJU SHENGCHAN BIAOZHUN HUIBIAN

王登亮　程慧林　吴　群　主编

中国农业出版社

北　京

编写人员名单

主　编：王登亮　程慧林　吴　群

副主编：刘丽丽　李建辉　孙建城

参　编：陈　骏　郑雪良　马创举　王家强　翁水珍

　　　　吴文明　张志慧　舒佳宾　杨　波

前　言

柑橘是世界上重要的经济类水果,目前已有100多个国家种植,其产量位居所有水果之首。我国是世界上重要的柑橘产地,至今已有4 000多年的柑橘栽培历史。近年来,我国柑橘产量总体呈上升趋势,现已跃居世界第一位。柑橘是浙江省水果生产的主要产业之一,现有种植面积4.59万 hm²,年产量91.7万 t。衢州是浙江柑橘重要产区之一,现有种植面积2.0万 hm²,年产量28.2万 t,涉及从业农户26万余户、农民100多万人。在衢州,柑橘产业是一个传统主导产业,也是一个民生产业、生态产业,对促进农业增效、农民增收、乡村振兴具有重要作用。

近年来,随着科技不断发展和进步,现代化生产的社会化程度越来越高,技术要求越来越复杂,生产协作越来越广泛。同时,随着国内外柑橘产业升级和农业供给侧结构性改革的新变化,人们对柑橘品质的要求也越来越高。技术标准是衡量产品质量好坏的主要依据,严格按照技术标准进行生产、检验、包装、运输和储存,产品质量才能得到保障。然而,在传统柑橘栽培过程中,由于缺乏生产技术标准,大部分柑橘建园标准较低、管理总体粗放、商品果率较低,同时病虫害防治主要以化学防治手段为主,难以满足现代柑橘产业发展的需要,一定程度上制约了柑橘产业的可持续健康发展。衢州市农业林业科学研究院等单位高度重视柑橘标准化生产,在多年工作的基础上完成了《衢州柑橘生产标准汇编》,以促进柑橘产业健康可持续发展。

本书由衢州市农业林业科学研究院王登亮、程慧林、吴群担任主编,衢州市农业林业科学研究院刘丽丽、衢州学院李建辉、衢州市农业林业科学研究院孙建城担任副主编。全书由王登亮统稿完成。由于作者水平有限,加之编写时间仓促,书中难免存在疏漏,敬请广大读者批评指正。

编　者

2023年5月

目　　录

目　录

ICS 65.020.20
CCS B 05

DB3308

浙 江 省 衢 州 市 地 方 标 准

DB 3308/T 110—2022

柑橘防冻栽培技术规范

2022-08-31 发布

2022-09-30 实施

衢州市市场监督管理局 发布

前　言

本文件按照GB/T 1.1—2020 《标准化工作导则　第1部分：标准化文件的结构和起草规则》给出的规定起草。

请注意本文件的某些内容可能涉及专利。本标准的发布机构不承担识别专利的责任。

本文件由衢州市农业农村局提出并归口。

本文件起草单位：衢州市农业林业科学研究院、浙江省柑橘研究所、衢州市柯城区农业特色产业发展中心。

本文件主要起草人：王登亮、刘丽丽、郑雪良、王鹏、陈骏、孙建城、吴雪珍、刘春荣、吴群、程慧林、黄振东、杨波、朱一成、杨海英、占菁、刘汝明。

本文件为首次发布。

柑橘防冻栽培技术规范

1 范围

本文件规定了柑橘防冻栽培技术的术语和定义以及合理选址、砧木或中间砧选择、防风林设置、增强树势、树体保护、冻后恢复等技术。

本文件适用于柑橘栽培中低温冻害应对及冻后恢复管理。

2 规范性引用文件

下列文件中的内容通过文中的规范性引用而构成本标准不可少的条款。其中，注日期的引用文件，仅该日期对应的版本适用于本标准；不注日期的引用文件，其最新版本（包括所有的修改单）适用于本标准。

GB/T 8321（所有部分） 农药合理使用准则

NY/T 496 肥料合理使用准则 通则

NY/T 2044 柑橘主要病虫害防治技术规范

DB33/T 328 柑橘生产技术通则

3 术语和定义

下列术语和定义适用于本标准。

3.1

柑橘冻害

柑橘生长期间，因 0 ℃以下低温引起的树体冰冻而丧失生理活力甚至死亡的低温灾害。

3.2

逆温层

大气对流层中气温随高度增加的现象的层带。

4 园地选址

选择水源丰富、土层深厚、背风向阳的平地或缓坡建园，不宜在风口、冷空气沉积低洼地建园；充分利用山体屏障、山地南坡、逆温层、水体周边等有利的小气候区域建园，并符合DB33/T 328 要求。

5 抗冻砧木或中间砧选择

宜选择枳（*Poncirus trifoliata*）等抗寒能力较强的砧木，高接换种时，中间砧应选择"温州蜜柑""满头红"等品种，不宜选择椪柑作为中间砧。

6 防风林或防风网设置

选择适应性强、速生，与柑橘无相同病虫害或中间寄主、经济价值较高的树种作为防风林，以阻挡冷空气侵袭、降低风速,延缓气温下降;可以在橘园四周设置防风网。

7 树势管理

通过合理施肥、科学修剪等技术措施,增强树势,提高抗冻性。

7.1 施肥

越冬前,科学施用氮肥,增施磷、钾肥和有机肥;采果后,叶片喷施氮、钾大量元素以及镁、锌、锰、硼等微量元素叶面肥;结果树忌偏施氮肥,寒潮期间避免根际施肥,以保护根系,提高抗冻能力。以增强树势,提高抗冻能力。其他参照 NY/T 496 要求执行。

7.2 修剪

通过抹芽、摘心等措施,加快秋梢老熟。及时抹除晚秋梢和冬梢。

7.3 采收

寒潮来临前,及时采收果实。对当年结果过多的树及时疏花疏果,控制挂果量。

7.4 灌水

寒潮来临前 7 d～10 d 灌透水一次。

8 树体管理

8.1 培土覆盖

寒潮来临前,进行根颈培土,厚度为 20 cm～30 cm,天气转暖后及时扒开培土。用秸秆、砻糠等覆盖树盘,厚度为 10 cm～20 cm,以减少地表的辐射降温。

8.2 涂白

果实采收后,及时主干涂白。

8.3 树体包裹或覆盖

选用遮阳网、稻草、保温棉等材料对树体四周和顶部进行包裹固定;以防寒布等材料作为覆盖包裹材料时,温度过高时及时通风。

8.4 叶面防冻

在寒潮来临前 7 d 左右,喷施防寒液。防寒液配方可选择:矿物油(绿颖)300 倍＋磷酸二氢钾 1 000 倍＋芸苔素内酯 5 000 倍。

8.5 冰雪处理

及时去除树体冰雪,清除树盘积雪。

9 大棚防冻

设施栽培的柑橘,在气温低于 0 ℃时,加强果实的保温,避免果实冻害。大棚设施栽培的柑橘,在低温来临时,可利用生火、电加热、煤油加热等措施进行防冻。控制加热点的数量,使棚内温度保持在 0 ℃以上。注意防火和有害气体中毒。

10 恢复管理

10.1 适量修剪

气温回暖,倒春寒已过,橘树发芽后及时修剪,修剪原则详见附录 A。修剪后,剪口及时涂抹伤口保护剂，以防止病菌感染。

10.2 合理施肥

冻后及时进行根外追肥。萌芽后每 15 d～20 d 浇施 1%～2% 的尿素或高氮复合肥等速效肥，连施 2 次～3 次。

10.3 中耕松土

气温稳定回升后，及时中耕松土。全园深翻 1 次，深度为 20 cm 左右。

10.4 病虫害防治

及时用石硫合剂、松脂酸钠、矿物油等农药进行清园，积极防治黑点病、疮痂病、红蜘蛛、蚜虫、天牛等病虫害。主要病虫害防治应符合 NY/T 2044 的要求；使用农药防治病虫害应符合 GB/T 8321（所有部分）的要求。

10.5 适当疏花疏果

受冻橘树以保树和恢复树势为目的，及时进行疏花疏果。对受冻较轻的结果母枝可少疏；对受冻较重的要多疏。（对照冻害等级）

附　录　A
（资料性附录）

柑橘冻害的分级标准及冻后修剪原则见表 A.1

表 A.1　柑橘冻害分级标准及冻后修剪原则

分级	树势	叶片	一年生枝	主干	冻后修剪
0	无影响	未因冻害脱落	无冻害	无冻害	正常修剪
1	有小影响	受冻脱落率25％～50％	除晚秋梢略有冻斑外，其余均无冻害	无冻害	摘叶
2	有一定影响	受冻脱落率50％～75％	少数秋梢略有冻害	无冻害	剪除秋梢
3	伤害较严重	受冻脱落率或枯死宿存75％以上	秋梢冻枯，夏梢稍有影响	无冻害	剪枝
4	伤害严重，有可能死亡	全部枯死	秋梢、夏梢均死亡	部分腋芽冻死	截干
5	死亡	全部枯死	全部死亡	地上部分全冻死	挖除

ICS 65.020.20

CCS B 05

DB3308

浙 江 省 衢 州 市 地 方 标 准

DB 3308/T 123—2022

柑橘黑点病综合防治技术规范

2022-11-02 发布

2022-12-02 实施

衢州市市场监督管理局 发布

前　言

　　本文件按照 GB/T 1.1—2020 《标准化工作导则　第 1 部分：标准化文件的结构和起草规则》给出的规定起草。

　　请注意本文件的某些内容可能涉及专利。本文件的发布机构不承担识别专利的责任。

　　本文件由衢州市农业农村局提出并归口。

　　本文件起草单位：衢州市农业林业科学研究院、龙游县金秋红柑橘专业合作社、衢州学院。

　　本文件主要起草人：郑雪良、刘丽丽、陈骏、王登亮、李建辉、孙建城、马创举、王家强、朱江宜、周晓红。

　　本文件为首次发布。

柑橘黑点病综合防治技术规范

1 范围

本文件规定了柑橘黑点病综合防治的术语和定义、防治原则、防治重点及防治措施等技术要求。

本文件适用于柑橘生产过程中黑点病的综合防治。

2 规范性引用文件

下列文件中的内容通过文中的规范性引用而构成本文件不可少的条款。其中,注日期的引用文件,仅该日期对应的版本适用于本文件;不注日期的引用文件,其最新版本(包括所有的修改单)适用于本文件。

GB/T 8321(所有部分) 农药合理使用准则

NY/T 393 绿色食品 农药使用准则

NY/T 2044 柑橘主要病虫害防治技术规范

NY/T 5015 无公害食品 柑橘生产技术规程

DB3308/T 110 柑橘防冻栽培技术规范

3 术语和定义

下列术语和定义适用于本文件。

3.1

柑橘黑点病

柑橘黑点病又名砂皮病,由柑橘间座壳菌(*Diaporthe citri*)引起。发病果实、叶片和枝梢表面出现小黑点,病斑凸起,严重时果面病斑呈片状、红褐色条状或不定形状。带菌枝梢枯死成为新的传染源。果实病情分级标准参见推荐性附录 A。

4 防治原则

遵循"预防为主,综合防治"的植保方针。发挥橘树自身补偿能力,改善果园生态环境,加强预测预报,优化防治措施,科学使用农药。

5 防治重点

黑点病发生的橘园,特别是遭受严重冻害、树势偏弱和高接换种的橘园。

6 防治措施

6.1 农业防治

6.1.1 冬季清园

结合冬季修剪,重点剪除枯枝和病虫枝,及时移出果园,集中销毁。其他清园措施,参照

NY/T 2044 规定执行。

6.1.2 树势管理

加强科学建园,培养管理,健壮树势;提倡增施有机肥和生草栽培。具体措施参照 NY/T 5015 执行。

6.1.2.1 幼果期,根外追钾、镁、锰、锌等元素。采果后春梢萌芽前,在滴水线开深30 cm左右的施肥沟,建议每株一次性施入羊粪 20 kg 或商品有机肥,提高土壤有机质、调节土壤 pH。

6.1.2.2 橘园生草或间作,种植的间作作物和草类与柑橘无共生性病虫,浅根、矮秆,以豆科和禾本科牧草为宜,如箭筈豌豆、白三叶、紫花苜蓿、百喜草、紫云英、留兰香、马唐等为宜。夏季高温干旱来临前,进行割草覆盖树盘。

6.1.3 防寒防冻

对易遭冻害的橘园,要及时采取灌透水、遮阳网树冠覆盖、根颈培土、主干与大枝涂白等技术措施,进行树体保护,防止枝梢冻伤或冻死发生。具体措施参照 DB3308/T 110 执行。

6.2 物理防治

6.2.1 露地栽培的橘园,于定果后进行果实套袋。

6.2.2 设施栽培的橘园,花期至果实膨大后期,遇雨关闭顶膜,进行避雨管理。

6.3 化学防治

6.3.1 喷药防治

在花谢 2/3 时喷药一次;梅雨来临前(5月下旬)喷药一次;梅雨间歇期喷药一次;持续降雨量达到 80 mm 以上后,需补喷 1 次药剂,直至果实膨大后期结束。防治药剂推荐 80％代森锰锌可湿性粉剂 600 倍液;气温不高于 30 ℃条件下,在配制好的药液中添加 99％矿物油乳剂 200 倍～400 倍液,以提高防效。喷药宜在雨前进行,若喷药后 2 h 内降雨,在果面雨水干后补喷 1 次。常用农药安全使用规范参照附录 B。农药合理使用参照 GB/T 8321 和 NY/T 393 规定执行。

6.3.2 伤口保护

高接换种、大枝修剪和树冠回缩产生的剪锯口,及时涂药保护;用锋利刮刀刮除枝干上树脂(流胶)或腐烂开裂的病斑,刮至白色健部为止。用 22.5％啶氧菌酯悬浮剂 200 倍～300 倍液喷雾处理,或直接涂抹伤口愈合剂 3％腐殖酸钠水剂、1.5％噻霉酮水乳剂或 3％抑霉唑膏剂等。

附 录 A

（资料性）

柑橘果实黑点病病情分级标准

0 级：无或很难看见病斑。

1 级：斑点细小不凸起、不易辨析，几乎不影响果实商品性，累计病斑面积占整个果面面积1％以下。

3 级：斑点有凸起，容易辨析，摸之有粗糙感，已经影响果实商品性，累计病斑面积占整个果面面积的 1％～5％。

5 级：斑点较大，凸起明显，已经明显影响果实商品性，病斑面积占整个果面面积的6％～10％。

7 级：病斑多，或呈块状（泥饼状），已经严重影响果实商品性，病斑面积占整个果面面积的11％～25％。

9 级：病斑呈泥饼状，大而明显，病斑面积占整个果面面积的 26％以上。

附　录　B

（规范性）

柑橘黑点病防控常用农药安全使用规范

有效成分	主要剂型	稀释倍数	每季最多使用次数	安全间隔期/d
代森锰锌	80％可湿性粉剂	600	3	15
丙森锌	70％可湿性粉剂	600	3	21
唑醚·代森联	60％水分散粒剂	750	5	7
苯甲·嘧菌酯	32.5％悬浮剂	3 000	3	10
波尔多液	80％可湿性粉剂	600	2	15
矿物油	99％乳油	200～400	—	—

ICS 65.020
B 31

DB3308

浙江省衢州市地方标准规范

DB 3308/**T** 01—2012(2014)

代替 DB 3308/T 01—1999

柑橘"三疏一改"技术规范

2012-06-10 发布

2012-07-10 实施

衢州市质量技术监督局 发布

前　言

本文件依据GB/T 1.1—2009 《标准化工作导则　第1部分:标准的结构和编写》给出的规则起草。

本文件代替 DB 3308/T 01—1999《柑橘"三疏一改"技术规范》。

本文件由衢州市农业局(现农业农村局)提出并归口。

本文件起草单位:衢州市经济特产站。

本文件主要起草人:陈健民、顾冬珍、郑利珍、赵四清、曹炎成、吴群。

本文件于 1999 年 7 月首次发布,本次为第一次修订。

柑橘"三疏一改"技术规范

1 范围

本文件规定了在柑橘栽培过程中进行疏树、疏大枝、疏果和改进施肥的技术要求。

本文件适用于柑橘盛产期和盛产期后橘园改造的优质稳产栽培技术。

本文件适用于柑橘类中的常山胡柚、温州蜜柑、脐橙、椪柑和红橘。

2 规范性引用文件

下列文件对于本文件的应用是必不可少的。凡是注日期的引用文件,仅注日期的版本适用于本文件;凡是不注日期的引用文件,其最新版本(包括所有的修改单)适用于本文件。

NY/T 5015　无公害食品　柑橘生产技术规程

3 定义

本文件采用下列定义。

3.1

主枝

指从主干分生出来的大枝条。

3.2

副主枝

指从主枝上分生出来的较大枝条。

3.3

侧枝

指从主枝、副主枝上分生出来担负结果与更新的枝群。

3.4

绿叶层厚度

指树冠下部至顶部之间叶片较密集部分的厚度。

3.5

树冠覆盖率

指同一园地中所有树冠投影面积之和与园地面积的比例。

3.6

抹芽

抹除或剪去嫩芽。

3.7

摘心

摘去营养枝顶部幼嫩部分。

3.8

疏删

从基部剪除过多过密的枝条。

3.9

柑橘"三疏一改"技术

在柑橘盛产期和盛产期后橘园改造时实施疏树、疏大枝、疏果和改进施肥的技术。

3.10

叶果比

树冠叶片数与结果数的比例。

3.11

盛果期

树体生长基本稳定,产量达到一定水平且较长一段时期内保持相对稳定的时期。

4 疏树

4.1 疏树对象

丘陵低山每公顷栽 750 株以上,平地每公顷栽 600 株以上的橘园。当树冠覆盖率≥75%时,应对过密橘树逐步进行疏伐。

4.2 疏树方式

4.2.1 疏移

根据园地的地形地势和定植方式,采取隔株、隔行或梅花形方式疏移过密橘树。

4.2.2 间伐

根据园地的地形地势和定植方式,采取隔株、隔行或梅花形方式间伐过密橘树。

4.3 疏树时间

2 月下旬至 3 月中旬。

4.4 疏树技术

4.4.1 疏移前修剪

疏移前先对计划疏移树的树冠重修剪,锯除结果部位已经上移的较直立大枝,结合整形疏删中上部过密侧枝。修剪量掌握在树冠枝叶量的 1/3～1/2 左右。

4.4.2 疏移方法

4.4.2.1 沿修剪后的移栽树树冠滴水线处开环形沟,开沟时注意保护水平根和须根,挖至根系密集层以下时,即向主干方向淘空底土并切断垂直根,然后剪平挖伤的粗根,再用编织布或稻草等将根部带泥包扎。

4.4.2.2 将包扎后的移栽树起运到预先挖好并施有足够有机肥和 1 kg～1.5 kg 钙镁磷肥的种植穴内,解开包扎物,舒展根系,分层回填泥土,将土压实,回填后嫁接口仍要露出地面,再用三脚支架将树固定,然后浇透水。

4.4.3 移植后管理

4.4.3.1 移植后一个月内如遇连续晴天,5 d～7 d 浇一次水;树冠喷施有利于促进生根、恢复树势的营养液或生长调节剂,每隔 10 d～15 d 一次,连喷 2 次～3 次。

4.4.3.2　移栽当年摘除全部花蕾。

4.4.3.3　其他管理按 NY/T 5015 中的管理要求执行。

4.5　间伐

将间伐树从基部锯除,不留树桩;或连根挖除。

4.6　其他事项

4.6.1　定植后 10 年生以内的树可采取疏移,10 年生以上的树可采取间伐。

4.6.2　对间伐后留下的树冠较直立的永久树,用拉枝方法促进树冠开张。

5　疏大枝

5.1　对象

树冠郁蔽、内膛空虚、枯枝增多、结果部位明显上移,或树冠之间出现枝梢交叉重叠时,应疏除大枝。

5.2　时间

2 月下旬至 3 月中旬。

5.3　方法

5.3.1　先锯除距离地面较低的主枝,确保主干高度达到 50 cm～60 cm。

5.3.2　选留 3 个～4 个主枝、6 个～8 个副主枝,从基部锯除多余的主枝和副主枝。

5.3.3　锯除主枝或副主枝后树冠仍郁蔽的,继续疏删部分较大侧枝。

5.4　其他事项

5.4.1　疏大枝应根据树冠郁蔽情况,每年锯除 1 个～3 个主枝或副主枝。大年树、多花树多剪,小年树、低产树少剪,年修剪量占全树枝叶量 20% 以内。

5.4.2　保持树冠高度在 3 m 以内。

5.4.3　对疏大枝后树冠中下部萌发的芽,根据其生长部位,保留可以用作扩大树冠或培养成下年结果枝的芽,其余全部抹除。

5.4.4　疏大枝后及时用伤口保护剂保护锯口。

6　疏果

6.1　疏果时间

在橘树第二次生理落果结束时开始,分二次进行,至 9 月上旬结束。

胡柚、早熟温州蜜柑、脐橙,前期疏果在 6 月底至 7 月上旬,后期疏果在 8 月下旬。

椪柑、中晚熟温州蜜柑,前期疏果在 7 月中下旬,后期疏果在 8 月下旬至 9 月上旬。

6.2　留果标准
6.2.1　按计划产量疏果

按计划产量确定留果量;除早熟温州蜜柑外,其他品种每公顷产量控制在 45 t 以内。

留果量(个)按下列公式计算:

C＝B/A

A:平均单果重

B:计划单位面积产量

C:留果量(个)

6.2.2 按叶果比疏果

疏果前检查叶果比,叶果比小于下述指标时进行疏果。

主要品种适宜的叶果比为:

椪柑:(80~100):1

胡柚:(60~80):1

早熟温州蜜柑:(30~35):1

中晚熟温州蜜柑:(25~30):1

脐橙:(70~90):1

6.3 方法

6.3.1 前期疏果疏掉病虫果、畸形果和小果(7月上旬时椪柑和温州蜜柑果径小于2.3 cm,胡柚和脐橙果径小于3.0 cm)。

6.3.2 后期疏果按留果标准继续疏掉病虫果、畸形果、风癣果、日灼果、粗皮大果及多余的果。

6.4 其他事项

椪柑、脐橙、温州蜜柑等易产生果梢矛盾的品种,疏果应与控抹新梢配套进行。

7 改进施肥

7.1 对象

因偏施化肥而引起土壤板结、土壤有机质含量低(有机质含量≤3%)和营养失调的橘园。

7.2 有机肥施用时期

采果后至翌年3月上旬。

7.3 有机肥种类

有机肥采用饼肥、厩肥、堆肥、有机复合肥和生物有机复混肥等。

7.4 方法

7.4.1 有机肥使用时,可与适量化肥配合施用。

7.4.2 配方施肥、增施有机肥,其中有机肥施用量约占全年总施肥量的35%~40%;每隔3年进行深翻改土。

7.5 其他事项

红黄壤橘园容易发生缺素症,应当在增施有机肥的基础上,根据发生缺素症的实际情况,在花期至幼果期补充施用镁、锌、硼和钙等元素。

ICS 65.020
CCS B 31

DB3308

浙 江 省 衢 州 市 地 方 标 准

DB 3308/T 078—2021

低丘红黄壤红美人栽培技术规范

2021-02-26 发布
2021-03-26 实施

衢州市市场监督管理局 发布

前　言

本文件依据 GB/T 1.1—2020 《标准化工作导则　第 1 部分：标准化文件的结构和起草规则》给出的规定起草。

本文件附录 A 和附录 B 为规范性附录，附录 C 为资料性附录。

本文件由衢州市农业农村局提出并归口。

本文件起草单位：衢州市农业林业科学研究院、常山县翠香蜜家庭农场、衢州市柯城区农业特色产业发展中心。

本文件主要起草人：王登亮、刘春荣、姜翔鹤、吴雪珍、郑雪良、刘丽丽、陈骏、杨波、朱一成、郑利珍、杨海英。

本文件为首次发布。

低丘红黄壤红美人栽培技术规范

1 范围

本文件规定了红美人柑橘(以下简称为红美人)设施栽培的术语和定义,以及园地选择及整理、设施构建及配套设施要求、定植、土肥水管理、温湿度管理、整形修剪、花果管理、病虫害防治、果实采收等技术。

本文件适用于低丘红黄壤地区红美人设施栽培。

2 规范性引用文件

下列文件对于本文件的应用是必不可少的。凡是注日期的引用文件,仅注日期的版本适用于本文件;凡是不注日期的引用文件,其最新版本(包括所有的修改单)适用于本文件。

GB 3095 环境空气质量标准

GB 5084 农田灌溉水质标准

GB/T 8321(所有部分) 农药合理使用准则

GB 15618 土壤环境质量标准

NY/T 496 肥料合理使用准则 通则

GB/T 9659 柑橘嫁接苗

3 术语和定义

下列定义和术语适用于本文件。

3.1

红美人

杂柑类柑橘新品种,以南香为母本、天草为父本杂交所得。

3.2

设施栽培

设施栽培是指利用大棚、温室等特定设施,人为创造适合于作物生长发育环境的一种栽培方式。

4 园地选择及整理

4.1 园地选择

4.1.1 气温条件

年平均温度为 16 ℃~18 ℃,绝对最低温度≥−8 ℃,1月平均温度≥5 ℃,≥10 ℃的年积温在 5 000 ℃以上。

4.1.2 土壤条件

土壤质地疏松肥沃,土层深厚,活土层厚 60 cm 以上,pH 为 5.0~6.5,地下水位 1 m 以下。并符合 GB 15618 要求。

4.1.3 灌溉水质

符合 GB 5084 要求。

4.1.4 大气质量

符合 GB 3095 要求。

4.1.5 地形地势

选择平地或缓坡地,缓坡地建园时宜修筑水平梯地。选择避风向阳的南坡、东南坡或水库、湖泊等岸边小气候条件好的地方种植,避免低洼地、风口建园。

4.2 园地整理

4.2.1 土壤改良

采用以下措施改良土壤后再种植:按行距撩壕,壕宽 100 cm、深 80 cm,将秸秆、杂草、堆肥、羊粪、牛粪、食用菌渣等翻压入壕沟中,翻压量为 120 t/hm² ～150 t/hm²;翻压过程中撒施石灰(1.5 t/hm²～2.3 t/hm²);将挖起的土覆盖于上;发酵 90 d～100 d 后,将土与基质拌匀。改良后的土壤要求 pH 为 5.5～6.5,有机质含量 1.5% 以上。

4.2.2 整理

坡地应建梯田种植,平地应起垄种植,起垄宽度和高度以 200 cm 和 50 cm 为宜。

5 设施要求

5.1 设施类型

红美人适宜的设施类型有简易钢架大棚、标准连栋大棚等,山坡地建造大棚,顶部应与坡度平行。

5.2 设施构造

5.2.1 钢架结构

大棚立杆采用 100 mm×50 mm×25 mm 热镀锌方管加 400 mm×400 mm×600 mm 水泥支柱,水平杆采用热镀锌 32 mm 口径钢管,棚顶采用 25 mm 热镀锌钢管。大棚顶高 4.5 m～5.5 m 为宜,肩高 3.0 m～4.0 m 为宜,肩高与顶高相差 1.5 m。

5.2.2 塑料薄膜

棚膜宜采用厚 0.09 mm～0.12 mm 的耐老化无滴防尘膜,透光率不低于 65%,棚顶膜需与树冠顶部间距不少于 1.5 m。

5.2.3 防鸟网

选用网眼 1.0 cm～1.5 cm 的防鸟网。

5.2.4 遮阳网

夏季温度达到 35 ℃ 以上时,可在晴天时覆盖透光率 70% 以上的遮阳网。

5.2.5 卷膜结构

在边侧和顶部采用手动或自动卷膜通风装置。顶部窗宽 1.5 m～1.8 m,边侧窗宽 2 m～2.5 m。

5.2.6 滴灌

种植行树冠下铺设滴灌带,滴灌带孔径为 1 mm,滴口间隔相距 8 cm 左右。

6 定植

6.1 苗木质量及管理

苗木质量应符合 GB/T 9659 要求。宜栽植脱毒容器苗、大苗壮苗。根系差、长势弱的苗木宜先假植在装有肥沃土的容器中,通过薄肥勤施等促使根系多发、长势转旺后再定植。

6.2 定植时间

裸根苗在 9 月下旬至 10 月中旬或 2 月下旬至 3 月中旬栽植。容器苗或带土移栽不受季节限制。

6.3 定植密度

按株行距(2～3) m×4 m 定植。

6.4 栽植方法

栽植穴长 60 cm、宽 50 cm、深 60 cm,将苗木的根系和枝叶适度修剪后放入穴中央,舒展根系,扶正,撒施 50 g～100 g 钙镁磷肥,边填土边轻轻向上提苗、踏实,使根系与土壤密接。填土后在树苗周围做直径 0.7 m～1 m 的树盘,浇足定根水。栽植深度要求嫁接口露出地面 3 cm～5 cm。红美人宜成片种植以保持无核性状,不应与有核品种混栽。

7 土肥水管理

7.1 土壤管理

7.1.1 深翻扩穴

深翻扩穴一般在秋梢停长后进行,从树冠外围滴水线处开始,逐年向外扩展。深翻扩穴每 667 m² 填埋绿肥、秸秆、沼渣或堆肥、厩肥等 2 t～3 t。回填时表土放在底层,心土放在表层,与有机肥混拌,然后灌足水分。

7.1.2 间作或生草

在树盘以外区域间作或生草,选择浅根、矮秆,且与柑橘无共生性病虫草种。春季生草选择藿香蓟、百喜草、黑麦草、三叶草等草种,秋季生草选择二月兰、箭筈豌豆等草种,人工拔除杠板归、喜旱莲子草、菟丝子等恶性杂草。春季间作大豆、花生、绿豆、田菁、猪屎豆等豆科绿肥作物。青草或绿肥适时刈割翻埋于土壤中或覆盖于树盘内。

7.1.3 覆盖与培土

实施生物覆盖,以秸秆、绿肥作物、刈割的青草、发酵过的栏肥及菌渣等为覆盖物,厚 15 cm～20 cm,注意与树干保持 10 cm 左右的距离。

7.2 施肥

7.2.1 施肥原则

符合 NY/T 496 要求。总体要求是"大肥大水、基肥施足、追肥适时"。多施有机肥,合理施用无机肥,采用叶片和土壤营养诊断配方施肥。

7.2.2 施肥方法

7.2.2.1 土壤施肥

采用环状沟施、条沟施等方法。在树冠滴水线处挖沟(穴),深度为 30 cm～40 cm。东西、南北对称位置轮换施肥。有微喷和滴灌设施的红美人园,可进行灌溉施肥。

7.2.2.2 叶面追肥

春梢抽发期、花期以喷施硼、锌肥为主,其他时期按照叶片诊断或土壤诊断因缺补缺。高温干旱期按使用浓度范围的下限施用,果实采收前 30 d 内停止叶面追肥。

7.2.3 幼树施肥

幼树在春季萌芽前株施基肥腐熟羊粪、牛粪 4 kg～5 kg,或与之氮含量相当的商品有机肥。追肥以氮肥为主,配合施用磷、钾肥,薄肥勤施。春、夏、秋梢抽生期施肥,年施 4 次～6 次,顶芽自剪至新梢转绿前增加根外追肥。幼树单株年施纯氮 0.2 kg～0.5 kg,氮:磷:钾= 10:(2～3):5。

7.2.4 结果树施肥

7.2.4.1 施肥量

以产果 1 000 kg 施纯氮 7 kg～9 kg,氮:磷:钾=10:5:8,其中有机肥不少于 40%。

7.2.4.2 施肥时间及技术

年施肥 4 次,以有机肥为主,重施春肥和壮果肥,有机肥以腐熟的饼肥、羊粪或蚕粪最好。2 月底至 3 月上旬施春肥,株施有机肥 20 kg～25 kg＋尿素 0.3 kg～0.5 kg＋钙镁磷肥 1.5 kg～2 kg;5 月下旬施壮梢保果肥,株施复合肥 0.5 kg＋尿素 0.3 kg～0.5 kg;7 月下旬至 8 月上旬施壮果肥,株施复合肥 1 kg～1.5 kg＋尿素 0.3 kg;11 月底果实采收后立即施采果肥,叶面追施 0.3% 的尿素＋0.25% 的磷酸二氢钾叶面肥。

7.3 水分管理

7.3.1 灌溉

7 月—10 月为果实膨大期,3 d～5 d 灌溉一次;10 月开始,15 d 灌溉一次;果实采收前 20 d 停止灌水,使土壤处于适当干燥,以提高果实品质。

7.3.2 排水

保持排水系统通畅,多雨的地区在果实采收前可通过地膜覆盖,降低土壤含水量,提高果实品质。

8 温湿度管理

8.1 温度管理

8.1.1 花期温度管理

通过揭开侧膜和打开天窗等方式使棚内白天温度控制在 30 ℃ 以内,防止花期高温引起的落花落果。

8.1.2 夏秋季降温管理

当设施内温度超过 35 ℃ 时,采取大棚通风、覆盖遮阳网等方式降温,防止果实晒伤。

8.1.3 越冬防冻管理

果园地面覆盖砻糠、菌渣、稻草和土杂肥增加土壤温度。采收期设施内的气温在 2 ℃ 以下、采果后的温度在－4 ℃ 以下时,进行果园熏烟、放置煤炉等加温设备。寒潮来临前灌透水,提高抗冻能力。

8.2 湿度管理

以通风降湿、喷水雾增湿等方式将花期的相对湿度控制在 50%～70%,其他时期控制在

70%～90%。

9 整形修剪

9.1 整形修剪原则

成年树以维持树势、保持营养生长与生殖生长平衡为目标,按"弱树重剪、强树轻剪"的原则进行修剪,弱树除了疏枝外,重点进行短截回缩修剪。

9.2 整形修剪方法

9.2.1 幼树期

9.2.1.1 树形培养

幼龄树着重扩大树冠、培养良好树形,以轻剪为主。及时定干,树干高度为 40 cm～50 cm,按照 3 个主枝、每主枝 2 个～3 个副主枝的原则整形,对主枝、副主枝进行短截,适当疏删过密枝群。

9.2.1.2 抹芽定梢

幼树在抽梢期抹芽控梢定梢,以形成结构合理、长势强健的树冠。根据芽梢方向、位置和生长势留芽定梢,按去下垂留直立、去两边留中间、去徒长去弱小留强壮、去早晚留一致的原则进行。

9.2.1.3 摘心

当新梢长至能看出 8 叶以上时及时留 8 叶左右摘心,如新梢已自剪,也要摘掉梢顶部往下的 2 叶。

9.2.2 结果期

结果树的修剪时间宜在春季萌芽前进行,疏除病虫枝、弱枝、重叠枝、交叉枝、树冠底部位置太低的枝。弱树除了疏枝外,重点进行短截回缩修剪;树势衰弱的树修剪量占总枝叶量的 30%～40%,树势中等的树修剪量约占总枝叶量的 20%,树势强旺的树修剪量占总枝叶量的 10%左右。

10 花果管理

10.1 花果管理原则

加强花果管理,总的要求是早疏花和重疏果。

10.2 疏花

4 月中下旬疏花,疏除簇状花、无叶花、畸形花、病虫花和发育不良的小花。2 年生以内幼年树上的花全部疏除。初结果树冬季修剪以短截、回缩为主以抑花。结果树进行花后复剪,强枝适当多留花,有叶单花多留,弱枝、短小枝不留花或将枝直接疏除。

10.3 疏果

疏果分三次进行。第一次疏果在第一次生理落果后的一周内(5 月上中旬)进行;第二次疏果在第二次生理落果后的一周内(6 月上中旬)进行,主要疏去过多的果、无叶果、过密果、畸形果、病虫果、机械伤果,以分布均匀为目标;第三次疏果在 8 月上中旬进行,主要疏去重叠果、病虫果、畸形果、风癣果、日晒果。初投产树叶果比控制在(80～90):1,成年结果树叶果比控制在(70～80):1。

11 病虫害防治

11.1 防治原则

按照"预防为主,综合防治"的原则进行病虫害防治。以农业防治和物理防治为基础,积极开展生物防治,科学使用化学防治技术,有效控制病虫危害。

11.2 农业防治

11.2.1 种植马甲子、女贞等灌木和柏树、杉树等直立性较强的乔木作为防护林,不宜种植枳、花椒等与柑橘有共生性病害和樟树等树冠大的树种。

11.2.2 园内间作和生草栽培,按7.1.2规定执行。

11.2.3 实施修剪、翻土、排水、冬春季清园等农业措施,加强栽培管理;病虫果以及修剪的带病枝叶及时清出果园进行烧毁,减少病虫基数,增强树势,提高树体自身抗病虫能力;适时采收,提高果实采摘质量,减少果实伤口,降低果实采后腐烂率。

11.2.4 7月—8月疏果时首先疏除病虫果,减少病虫基数,切断疮痂病等病害侵染循环。

11.2.5 人工摘除或用竹竿拍打法去除蓑蛾类护囊、卷叶虫的虫苞。用铁丝钩除天牛幼虫,人工捕抓天牛成虫和黑蚱蝉成虫。柑橘灰象甲成虫上树后,利用其假死性,振落以集中销毁。在吸果夜蛾发生严重的地区人工种植木妨己、汉防己等中间寄主,引诱成虫产卵,再用高效氟氯氰菊酯杀灭。

11.3 物理防治

11.3.1 安装频振式杀虫灯防治吸果夜蛾、金龟子、卷叶蛾等,每2 hm² 装1台,安装高度为高出橘树顶端50 cm。4月上旬装灯,10月底撤灯。每隔3 d~7 d打扫高压网和接虫袋。

11.3.2 利用大实蝇、拟小黄卷叶蛾、金龟子、地老虎、黏虫、斜纹夜蛾等害虫对糖、酒、醋液的趋性,在糖、酒、醋液中加入阿维菌素或氯氟氰菊酯等农药诱杀。糖醋液体积比按糖:醋:酒:水:阿维菌素=10:20:5:90:1的比例配制好后,装入一个盒中,每667 m² 果园挂5盒~7盒,悬挂高度为1.5 m。及时清除诱集的害虫,每周更换新鲜糖醋液。

11.3.3 用黄板诱杀蚜虫等柑橘害虫,每株悬挂黄板1张。

11.4 生物防治

11.4.1 7月初的阴天傍晚释放胡瓜钝绥螨,每株成年树挂1袋(含600只以上活螨,包括卵、幼螨和成螨)防治柑橘全爪螨和锈壁虱等。

11.4.2 选择使用对天敌伤害少的苏云金杆菌、苦·烟水剂等生物农药和矿物油乳剂等矿物源农药,保护天敌,控制蚜虫、介壳虫和粉虱的发生。

11.4.3 5月上旬,在果园内按75只/hm² 标准挂诱捕器,诱捕器内加98%诱蝇谜诱杀柑橘小实蝇雄虫;每次加药2 mL,每隔15 d加一次。或在果树中上部阴凉通风处悬挂诱蝇球(加有性诱剂),每1株~2株树悬挂1球。

11.5 化学防治

11.5.1 农药选择

禁用高毒、高残毒农药,见附录A;常用农药种类和注意事项见附录B。

11.5.2　农药使用

根据病虫害监测结果，在适宜时期喷药进行主要虫害的防治。对症下药，优先选用对果园生态友好的高效低毒低残留农药，严格控制安全间隔期、施药量和施药次数，注意不同作用机理的农药交替使用和合理混用，避免产生抗药性，具体推荐用药及防治方法见附录C。

12　果实采收

12.1　采收方法

实行分批采收、贮藏与销售。采果按先下后上、由外向内的顺序进行；树冠较高时，要站在采果梯或高凳上采摘。用圆头果剪采果，要求一果两剪，果蒂平齐。果实轻拿轻放，轻运轻卸。

12.2　采收时间

鲜销果在果实正常成熟果面转为橙红色时采收，适宜采摘期为11月中旬至12月上旬，上市期以11月中旬至翌年的1月下旬为宜。贮藏果比鲜销果宜早7 d～10 d采收。注意下雨天和晴天露水未干时不能采果。在气温0℃以下时，留树保鲜的果实通过提早采收、加温等方法防范果实冻害。

附　录　A
（规范性附录）
红美人生产中禁止使用的农药

红美人生产中禁止使用的农药有六六六、滴滴涕、毒杀芬、二溴氯丙烷、杀虫脒、二溴乙烷、除草醚、艾氏剂、狄氏剂、汞制剂、砷、铅类、敌枯双、氟乙酰胺、甘氟、毒鼠强、乙酸钠、毒鼠硅、甲胺磷、甲基对硫磷、对硫磷、久效磷、磷胺、甲拌磷、甲基异硫磷、特丁硫磷、甲基硫环磷、治螟磷、内吸磷、克百威、涕灭威、灭线磷、硫环磷、蝇毒磷、地虫硫磷、氯唑磷、苯线磷、氧乐果、水胺硫磷、灭多威、硫线磷、氟虫腈、杀扑磷、氯磺隆、福美胂、福美甲胂、胺苯磺隆、甲磺隆、百草枯水剂以及国家规定禁止使用的其他农药。

附 录 B
（规范性附录）
红美人生产中常用农药及注意事项

红美人生产中常用农药及注意事项见表 B.1。

表 B.1 红美人生产中常用农药及注意事项

通 用 名	安全间隔期/d	每年最多使用次数	通 用 名	安全间隔期/d	每年最多使用次数
阿维菌素	21	2	啶虫脒	14	1
除虫脲	28	3	农抗120	15	—
噻嗪酮	35	2	石硫合剂	15	—
虱螨脲	40	2	多氧霉素	15	—
四聚乙醛	7	2	波尔多液	15	—
吡虫啉	10	2	代森锰锌	21	—
氰戊菊酯	7	3	腐殖酸铜	21	—
氯氰菊酯	7	3	多菌灵	21	—
氯氟氰菊酯	21	3	百菌清	21	—
机油乳剂	15	—	溴菌腈	21	—
哒螨灵	30	2	咪鲜胺	7	1
氟虫脲	30	—	炔螨特	30	3
溴螨酯	21	3	三唑锡	30	2
虫螨腈	10	2	抑霉唑	60	1
虫酰肼	21	2	苯醚甲环唑	7	3
双甲脒	21	3			

附　录　C
（资料性附录）
主要病虫害防治

主要病虫害防治方法见表C.1。

表C.1　主要病虫害防治方法

害虫名称	防治适期及指标	防治措施
红蜘蛛	12月中旬至1月中心，平均每叶1头； 4月—6月，平均每叶3头～5头； 9月—10月，平均每叶1头。	每株成年树用600只～1 000只钝缓螨防治或选用螺螨酯、矿物油、乙螨唑、哒螨灵等药剂。
蚜虫	3月上旬；10月。新梢有蚜率3%时挑治，大于5%时普治。	每公顷装60个～80个黄板或用吡虫啉、啶虫脒、噻虫嗪等防治。
锈壁虱	7月—9月。有虫叶率20%或平均每叶每果15头～20头。	用阿维菌素、代森锰锌防治。
长白蚧	5月中旬；7月上旬；9月中旬。主干、主枝有虫即治。	用矿物油、螺虫乙酯、噻嗪酮防治。
糠片蚧	5月中旬；7月上旬；9月中旬。叶片有虫率5%或果实有虫率3%。	用矿物油、螺虫乙酯、噻嗪酮防治。
红蜡蚧	幼蚧一龄末、二龄初期；卵孵化末期。 上年春梢平均有活虫数1头。	用矿物油、螺虫乙酯、噻嗪酮防治。
黑刺粉虱	5月中旬；7月上旬；9月中旬。 平均每叶虫数1头。	用矿物油、噻嗪酮防治。
潜叶蛾	7月—8月嫩梢抽发盛期，芽长1 cm～2 cm开始喷药，间隔7 d～10 d一次，直至停梢。 抽梢率25%～30%；嫩梢被害率15%～20%。	用阿维菌素或氯氟氰菊酯防治。
吸果夜蛾	在9月中旬果实转色期开始用诱虫灯诱杀。	安装频振式杀虫灯或用高效氟氯氰菊酯趋避或种植木妨己、汉防己等中间寄主，引诱成虫产卵，再用苯腈磷杀灭。
溃疡病	夏、秋梢新芽萌动至芽长2 cm左右及花后10 d～50 d喷药。每次梢期和幼果期均喷3次～4次。	清除病叶和病枝后，用噻唑锌等防治。
疮痂病	春梢新芽萌动至芽长2 m前及谢花2/3时喷药。隔10 d～15d再喷药。发病地区秋梢需喷药保护。	用松脂酸铜、甲基硫菌灵等防治。
黑点病	谢花2/3时喷药，隔10 d～15 d再喷药。	用代森锰锌防治。

ICS 65.020
CCS B 31

DB3308

浙 江 省 衢 州 市 地 方 标 准

DB 3308/T 080—2021

椪柑大棚设施栽培技术规范

2021-04-25 发布　　　　　　　　　　　　　　2021-05-25 实施

衢州市市场监督管理局 发布

前　言

本文件依据 GB/T 1.1—2020《标准化工作导则　第 1 部分:标准化文件的结构和起草规则》给出的规则编写。

本文件附录 A 为资料性附录,附录 B 为规范性附录。

本文件由衢州市农业农村局提出并归口。

本文件起草单位:衢州市柯城区农业特色产业发展中心、衢州市农业林业科学研究院。

本文件主要起草人:吴文明、朱一成、郑利珍、张炳连、王登亮、金国明、刘烨珏、金昌盛、郑雪良、刘春荣、方培林等。

本文件为首次发布。

椪柑大棚设施栽培技术规范

1 范围

本文件规定了椪柑大棚设施栽培技术的术语和定义、大棚选址、大棚搭建、大棚管理、栽培技术等要求。

本文件适用于衢州市范围内的椪柑大棚设施栽培。

2 规范性引用文件

下列文件中的内容通过文中的规范性引用而构成本文件必不可少的条款。其中，注日期的引用文件，仅该日期对应的版本适用于本文件；不注日期的引用文件（包括所有的修改单）适用于本文件。

GB/T 8321（所有部分） 农药合理使用准则

GB/T 51057 种植塑料大棚工程技术规范

NY/T 975 柑橘栽培技术规程

NY/T 2044 柑橘主要病虫害防治技术规范

DB33/T 328 柑橘生产技术通则

3 术语和定义

下列术语的定义适用于本文件。

3.1

大棚设施栽培

大棚设施栽培是指利用大棚设施，改善作物生长发育环境，对农作物生产进行调控的一种栽植方式。

4 大棚选址

选择平地或缓坡建大棚，忌选风口、山谷冷空气沉积低洼地。环境条件应符合浙江省地方标准 DB33/T 328 的有关规定。

5 大棚搭建

5.1 规格

5.1.1 大棚单个跨度以 8 m 为宜，肩高 3 m 以上，树冠与顶膜间距 1.5 m 以上；树冠滴水线距离侧膜不少于 0.5 m；大棚长度不超过 60 m。

5.1.2 顶开窗设置在树冠正上方，宽度应在 1.5 m 以上。

5.1.3 设置雨水回收系统。

5.1.4 大棚材料要求、规划布局、结构设计、施工安装等应符合现行国家标准 GB/T 51057 的有关规定。

5.2 棚膜

棚膜宜采用厚度为 0.08 mm～0.12 mm 的耐老化无滴防尘膜。使用 3 年以上或透光率低于 50％时,应及时更换新膜。

5.3 防虫网

大棚四周应覆盖不小于 40 目的白色防虫网。使用 3 年以上或较大破损时,应及时更换新网。

6 大棚管理

6.1 温湿度管理

6.1.1 萌芽期到现蕾期

关闭顶开窗,打开侧膜。在出现倒春寒的情况下关闭侧膜。

6.1.2 开花期到幼果期

通过控制侧膜、顶开窗的方式,使棚内温度最高不超过 30 ℃,防止发生落花、落果及畸形果。空气相对湿度宜在 50％～70％,防止发生灰霉病。5 月—7 月雨季采用覆盖顶膜,打开侧膜,防止发生柑橘黑点病。

6.1.3 果实膨大期

通过控制侧膜、顶开窗的方式,使棚内温度最高不超过 35 ℃;当气温超过 35 ℃,应使用遮阳网降温。

6.1.4 果实成熟期

通过控制侧膜、顶开窗的方式,使棚内温度最高不超过 25 ℃,并保持土壤适度干燥;当气温低于 5 ℃时,应在夜晚覆盖侧膜保温,当气温低于 0 ℃时,应覆盖顶膜和侧膜保温。

6.1.5 相对休眠期

关闭顶开窗,打开侧膜。当气温低于－5 ℃时,应关闭侧膜和顶开窗,有条件的可采取加热保温措施。

6.2 灾害预防

6.2.1 防雪措施

大雪前,打开顶开窗,及时清除大棚上的积雪。必要时,割膜保棚。

6.2.2 防强风措施

强风来临前,做好大棚防风加固工作。

7 栽培技术

建园定植、土肥水管理、整形修剪、花果管理、果实采收等按 NY/T 975 规定执行。病虫害的防治原则、农业防治、生物防治、物理防治、化学防治等按现行行业标准 NY/T 2044 规定执行,遵照 GB/T 8321.10 的要求控制农药用量、使用浓度、使用次数及最后一次施药距采收的间隔期,附表 A 列举了柑橘主要病虫害和防治方法,该表将随新农药品种的登记而修订。

附 录 A
（资料性附录）
主要病虫害防治

主要病虫害防治见表 A.1。

表 A.1 主要病虫害和防治方法

防治对象	防治时期	防治指标	防治方法
疮痂病	春梢芽长 1 mm～2 mm；花谢 2/3 时至谢花末；6 月中下旬幼果期。	上年夏秋梢叶片发病率 5%以上；幼果发病率 20%以上。	1. 及时清园，将病虫枝、枯枝、落叶等拿出园外销毁； 2. 选用代森锰锌药剂防治并疏去病果。
黑点病（树脂病）	4 月—7 月（果实）。	主干和枝条上见病斑；上年发病较重的园块。	1. 加强肥水管理，健壮树势，合理修剪； 2. 及时清洁树体，去除枯枝、枯叶及病虫枝叶，并拿出园外销毁； 3. 春季用石硫合剂清园，幼果期选用代森锰锌等。
红蜘蛛	冬春季清园；4 月—6 月；9 月—10 月。	冬春季清园平均每叶 0.5 头；4 月—6 月平均每叶 2 头～3 头；9 月—10 月平均每叶 3 头。	1. 冬季清园用哒螨灵，春季清园用松碱合剂、矿物油、石硫合剂等； 2. 春季用哒螨酮、螺螨酯、阿维菌素等； 3. 夏秋季用炔螨特、微生物制剂等。
锈壁虱	7 月—10 月。	10 倍放大镜每视野 2 头～3 头。	1. 春季清园用松碱合剂、矿物油、石硫合剂等； 2. 春季用哒螨酮、螺螨酯、阿维菌素等； 3. 夏秋季用炔螨特、微生物制剂等。
蚧类	春梢萌芽前；5 月下旬、7 月中旬、9 月上旬孵化盛期。	果实有虫率 3%；叶片有虫率 8%。	1. 春季清园用松碱合剂； 2. 选用矿物油、噻嗪酮等。
黑刺粉虱	春季萌芽前；5 月—9 月上旬各代 1 龄～2 龄若虫期。	平均每叶虫数 1 头以上。	1. 春季清园用松碱合剂； 2. 选用矿物油、噻嗪酮、啶虫脒等。
橘粉虱	1 龄～2 龄若虫期。	田间群集性成虫。	1. 挂诱虫板； 2. 选用噻嗪酮、吡虫啉等。

表 A.1 （续）

防治对象	防治时期	防治指标	防治方法
蚜虫	4月—5月； 8月—9月。	新梢有蚜率25％。	选用吡虫啉、啶虫脒等。
潜叶蛾	7月—8月嫩梢抽发盛期，芽长1 cm～2 cm开始，间隔7 d～10 d一次，直至停梢。	5％嫩梢上的未展开叶片有危害。	1. 抹芽控梢，统一放梢； 2. 选用吡虫啉、啶虫脒、除虫脲等。

附 录 B
（规范性附录）
禁止使用农药

　　柑橘园禁止使用的农药有六六六、滴滴涕、毒杀芬、二溴氯丙烷、杀虫脒、二溴乙烷、除草醚、艾氏剂、狄氏剂、汞制剂、砷、铅类、敌枯双、氟乙酰胺、甘氟、毒鼠强、氟乙酸钠、毒鼠硅、甲胺磷、对硫磷、甲基对硫磷、久效磷、磷胺、苯线磷、地虫硫磷、甲基硫环磷、磷化钙、磷化镁、磷化锌、硫线磷、蝇毒磷、治螟磷、特丁硫磷、氯磺隆、胺苯磺隆、甲磺隆、福美胂、福美甲胂、三氯杀螨醇、硫丹、溴甲烷、氟虫胺、杀扑磷、甲拌磷、甲基异柳磷、克百威、水胺硫磷、氧乐果、灭多威、涕灭威、灭线磷、内吸磷、硫环磷、氯唑磷、乙酰甲胺磷、丁硫克百威、乐果、氟虫腈、百草枯水剂以及国家规定禁止使用的其他农药。

ICS 65.020.20
CCS B 05

DB3308

浙 江 省 衢 州 市 地 方 标 准

DB 3308/T 027.1—2022

代替 DB 3308/T 027.1—2015

衢州椪柑出口技术规范
第1部分：生产技术

2022-11-02 发布

2022-12-02 实施

衢州市市场监督管理局 发布

前　　言

本文件按照 GB/T 1.1—2020 《标准化工作导则　第 1 部分:标准化文件的结构和起草规则》给出的规定起草。

请注意本文件的某些内容可能涉及专利。本文件的发布机构不承担识别专利的责任。

本文件由衢州市农业农村局提出并归口。

本文件代替了《衢州椪柑出口技术规范》(DB 3308/T 027.1—2015、DB 3308/T 027.2—2015、DB 3308/T 027.3—2015、DB 3308/T 027.4—2015),与此相比,除编辑性修改外,主要技术变化如下:

——将原文件的第 2 部分"商品果"部分内容并入第 3 部分"商品化处理";

——修改了第 1 部分用于出口的衢州椪柑的生产技术的术语和定义、果园选择与管理、苗木、建园定植、整形修剪、花果管理、土肥水管理、病虫害防治及灾害防控等技术要求;

——修改了第 3 部分用于出口的衢州椪柑果实的商品化处理;

——修改了第 4 部分用于出口的衢州椪柑果实的采收、贮藏保鲜与运输。

新修订的《衢州椪柑出口技术规范》分为三个部分:

——第 1 部分:生产技术;

——第 2 部分:商品化处理;

——第 3 部分:贮藏和运输。

本文件附录 A 为规范性附录。

本文件起草单位:衢州市农业林业科学研究院、衢州市柯城区农业农村局、浙江佳农果蔬股份有限公司、衢州海关。

本文件主要起草人:郑雪良、陈骏、刘丽丽、王登亮、郑利珍、孙建城、马创举、刘春荣、叶先明、雷美康。

本文件为第一次修订发布。

衢州椪柑出口技术规范 第1部分：生产技术

1 范围

本文件规定了用于出口的衢州椪柑生产技术术语和定义、果园选择与管理、苗木、建园定植、整形修剪、花果管理、土肥水管理、病虫害防治及灾害防控等技术要求。

本文件适用于出口的衢州椪柑的生产管理。

2 规范性引用文件

下列文件中的内容通过文中的规范性引用而构成本文件不可少的条款。其中，注日期的引用文件，仅该日期对应的版本适用于本文件；不注日期的引用文件，其最新版本（包括所有的修改单）适用于本文件。

GB 2762 食品安全国家标准 食品中污染物限量

GB 2763 食品安全国家标准 食品中农药最大残留限量

GB 3095 环境空气质量标准

GB 5084 农田灌溉水质标准

GB/T 8321（所有部分） 农药合理使用准则

GB 15618 土壤环境质量 农用地土壤污染风险管理标准（试行）

3 术语和定义

下列术语和定义适用于本文件。

3.1

衢州椪柑

在衢州行政区域内种植的椪柑，其树势强健，枝条分枝角度小，形成树冠快；喜高温强光照，抗旱抗寒性强；果实扁圆形，采收时含酸量高，可溶性固形物≥11.5%，风味浓、香气足，耐贮藏。

3.2

出境果园注册登记

按照国家质量监督检验检疫总局发布的《出境水果检验检疫监督管理办法》实施。

3.3

国际贸易相关协定

我国与主要贸易进口国为了规范水果贸易，确保质量安全，两国签署的关于检验检疫条件等方面的议定书。

4 果园选择与管理

4.1 果园选择

土层深厚，pH 为 5.5～6.5，土壤有机质含量＞1.0%。土壤环境质量符合 GB 15618 的要求,水质符合 GB 5084 的要求,空气质量符合 GB 3095 的要求。果园面积连片 100 亩以上,基地周边环境情况良好,500 m 范围内无工业污染源。

4.2 果园管理

参照国际贸易相关协定、《出境水果检验检疫监督管理办法》和我国相关的国家标准、行业标准。果园要有一个负责人、一个专业植保员。建立农事档案制度和农资投入品档案制度,果园基地应如实记录柑橘采摘、销售及农资投入品使用后的空瓶和空袋回收等情况。

5 苗木

5.1 苗木选择

宜选择种植径粗≥0.6 cm、高度≥35 cm、分枝条数>2、须根丰富的苗木。优先选择脱毒容器苗和容器苗。

5.2 苗木规格

苗木规格应符合表 1 的规定。

表 1 苗木规格

级别	苗粗/cm	苗高/cm	分枝数/条	根系	非检疫性病虫害	检疫性病虫害	株落叶率/%
一级	≥0.8	≥45	≥3	发达	轻	无	≤20
二级	≥0.6	≥35	≥2	较发达	轻	无	
注:苗粗是指嫁接口以上 3 cm 处的直径;分枝数是指苗高 25 cm 以上处的分枝数量。							

6 建园定植

6.1 选择坡度<25°、海拔<300 m 的地方建园,避免低洼地块建园。

6.2 春季定植在 2 月下旬至 3 月中旬;秋季定植在 9 月下旬至 10 月中下旬。

6.3 定植采用定植沟或定植穴两种方式:定植沟宽≥80 cm、深≥60 cm;定植穴直径≥100 cm、深≥60 cm。

6.4 丘陵坡地株行距 3.5 m×4 m 或 4 m×4 m;平地株行距 4 m×5 m,或株距 4 m、行距 5 m 与 3 m 交替。在计划密植时,当树冠覆盖率达 75% 时,应进行间伐或移栽。

7 整形修剪

7.1 树形

培育自然开心形树冠,选留主枝 3 个~4 个,副主枝 9 个~11 个,主枝和副主枝间距适中,内膛通风透光,树冠高约 250 cm。

7.2 幼树培养期

苗木定干后,以培养树冠为主,第 1 年至第 2 年培养主枝、选留副主枝,第 3 年继续培养主枝和副主枝的延长枝,合理配备侧枝群。每年培养 3 次~4 次梢,及时摘除花蕾。保持树冠紧凑,枝叶茂盛,对直立枝进行拉枝。

7.3 结果初期

继续培育树冠,适量挂果。每年培养春梢、秋梢,6叶~8叶时摘心;6月上旬至7月上旬对夏梢抹除。生长过密或呈簇状的春、秋梢,按"去强弱留中庸"的原则进行删密留疏。

7.4 盛果期

保持营养生长和生殖生长相对平衡,绿叶层厚度在200 cm左右,树冠覆盖率控制在75％以内。修剪因树制宜,疏除树冠中上部直立强旺枝,删密留疏,疏除、回缩过密大枝或侧枝,控制行间交叉和树冠高度,保持侧枝均匀,冠形凹凸,通风透光,立体结果。

7.5 衰老期

对副主枝、侧枝轮换回缩修剪或全部更新树冠,促发下部和内膛新结果枝群。

7.6 郁闭园改造

疏树间伐或隔行、隔株回缩修剪;对内膛郁闭树,从基部剪除1个~3个内膛直立大枝,再剪除交叉枝,回缩衰退枝,疏删丛生枝。保持树冠通风透光,疏除枝叶应带出果园外集中销毁。

8 花果管理

8.1 保花保果

对少花橘树保花保果。

8.2 疏花疏果

8.2.1 疏花

对多花橘树进行春季适度修剪,减少花量。

8.2.2 疏果

在第2次生理落果结束后进行2次疏果。第1次疏果在7月中旬,将横径在2 cm以下的果实疏除;第2次在8月中下旬,将横径在3.5 cm以下的果实疏除。先疏病虫果、畸形果,后根据果实横径疏除小果。

9 土肥水管理

9.1 土壤改良

9.1.1 定植前

通过开定植沟(穴),将栏肥、堆肥、厩肥、菌渣、砻糠、塘泥以及绿肥、作物秸秆等施于定植沟(穴)内,用量为每公顷施150 t~200 t,采用机械拌匀,覆土腐熟后待植。土壤pH小于5.5的园地改土时每公顷撒施石灰750 kg~1 500 kg。

9.1.2 幼龄橘园

在夏季和秋冬季于树盘外种植箭筈豌豆、三叶草、春大豆、花生等绿肥或豆科作物。

9.1.3 投产橘园

在6月下旬至7月上旬或9月—10月进行深翻扩穴改土,施入腐熟的有机肥和饼肥。

9.2 施肥

幼龄橘园在2月下旬至8月上旬,在每次新梢抽发前追肥,氮磷钾施用比例为1:0.3:0.5。结果树每公顷年施肥量以氮磷钾纯养分计为1 700 kg~1 900 kg,一年施肥4次:芽前肥在2月下旬至3月上旬施,以有机肥和速效氮肥为主,施肥量占全年施肥量的30％~50％;保果肥在 5 月下旬施,施肥量占全年 10%～20%;壮果肥在 7 月上旬至 8 月上旬施,施肥量占全年 30%～40%;采果肥在采果后施,施肥量占全年 20%～30%。成年树氮磷钾施用比例为 1:0.6:0.8。施肥应注意增施有机肥,花期和幼果期根据树体营养状况叶面喷施锌、镁、钙、硼等中微量元素。

9.3 水分管理

雨季及时开沟排水;旱季做好培土和树盘覆盖进行保水,适时灌水,尤其是 9 月中旬至 10 月下旬遇旱注重灌水以提高果实等级;果实采收前的 15 d 控水。

10 病虫害防治

10.1 防治原则

采取预防为主、综合防治的原则,合理使用农业防治、生物防治、物理防治和化学防治等综合措施。适期用药,合理混配。

10.2 防治时期

2 月底至 3 月,防治蚧类、地衣和苔藓等;4 月—5 月防治疮痂病、灰霉病、蚜虫和螨类;5 月下旬至 6 月中旬防治蚧类、粉虱、疮痂病、黑点病和螨类;7 月—8 月防治锈壁虱、潜叶蛾和蚧类;9 月—10 月,防治红蜘蛛、蚧类和粉虱;采果后至 12 月中旬防治红蜘蛛;采果后进行清园。生产管理中的具体防治时间和次数视果园中病虫害发生情况而定。

10.3 农药使用

按 GB 2763 和 GB/T 8321 规定执行,参照柑橘进口国(或组织)公布的最新农残最大允许值。橘园主要病虫害及常用农药的安全使用技术见附录 A。

11 灾害防控

11.1 干旱防控

橘园应设有水井、水渠、喷滴灌等水利设施。当少量树叶出现暂时性萎蔫,需要灌水。可采取树盘覆盖、适当修剪、枝干涂白等措施防止干旱。

11.2 冻害防控

11.2.1 寒潮来临前,加强水分管理,保持土壤湿润;对树体进行主干涂白、包草、培土、枝条捆扎和树盘覆盖保护,苗木和小树顶上撒干稻草或搭三角棚。

11.2.2 雪后摇雪下树,冻后剪除受雪或冰冻损伤的树枝,及时摘除受冻枯死的叶片,4 月上旬存活部分新梢生长到 2 cm 以上时再剪除受冻死亡的枝梢。

附　录　A

（规范性附录）

衢州椪柑主要病虫害及常用农药的安全使用技术

病虫害种类	有效成分	主要剂型	稀释倍数	每季最多使用次数	安全间隔期/d
柑橘黑点病（疮痂病）	代森锰锌	80%可湿性粉剂	600	3	15
	丙森锌	70%可湿性粉剂	600	3	21
	波尔多液	80%可湿性粉剂	600	2	15
柑橘炭疽病	苯醚甲环唑	20%水乳剂	4 000	2	28
	咪鲜胺	250 g/L乳油	500～1 000	2	15
柑橘果实贮藏病害	双胍三辛烷苯基磺酸盐	40%可湿性粉剂	1 000～2 000	1	60
	抑霉唑	50%乳油	1 000～2 000	1	60
	咪鲜胺	250 g/L乳油	500～1 000	1	14
柑橘锈螨（红蜘蛛）	炔螨特	73%乳油	2 000～3 000	3	30
	螺螨酯	240 g/L悬浮剂	4 000～5 000	2	30
	乙螨唑	110 g/L悬浮剂	5 000～7 000	2	21
	哒螨灵	15%水乳剂、微乳剂	1 500	2	30
	矿物油	99%乳油	100～200	无要求	无要求
柑橘蚜虫	吡虫啉	10%可湿性粉剂	3 000	2	21
	啶虫脒	3%乳油	2 000～2 500	1	14
	烯啶虫胺	10%水剂	4 000～5 000	2	14
柑橘潜叶蛾	阿维菌素	18 g/L乳油	2 000～4 000	2	14
	啶虫脒	3%乳油	1 000～2 000	1	14
	高效氯氟氰菊酯	25 g/L乳油	4 000～8 000	2	21
柑橘介壳虫	噻嗪酮	25%可湿性粉剂	1 000	2	35
	螺虫乙酯	22.4%悬浮剂	4 000～5 000	1	40
清园	矿物油	99%乳油	100～200	无要求	无要求
	松脂酸钠	20%可湿性粉剂	150～200	无要求	无要求
	石硫合剂	晶体	0.8～1.0波美度	—	—

注：矿物油不能在气温高于30℃或极度缺水时使用。

ICS 65.020.20
CCS B 05

DB3308

浙 江 省 衢 州 市 地 方 标 准

DB 3308/T 027.3—2022
代替 DB 3308/T 027.3—2015

衢州椪柑出口技术规范
第2部分：商品化处理

2022-11-02 发布

2022-12-02 实施

衢州市市场监督管理局 发布

前　言

　　本文件按照 GB/T 1.1—2020 《标准化工作导则　第 1 部分:标准化文件的结构和起草规则》给出的规定起草。

　　请注意本文件的某些内容可能涉及专利。本文件的发布机构不承担识别专利的责任。

　　本文件由衢州市农业农村局提出并归口。

　　本文件代替了《衢州椪柑出口技术规范》(DB3308/T 027.1—2015、DB3308/T 027.2—2015、DB3308/T 027.3—2015、DB3308/T 027.4—2015),与此相比,除编辑性修改外,主要技术变化如下:

　　——将原文件的第 2 部分"商品果"部分内容并入第 3 部分"商品化处理";

　　——修改了第 1 部分用于出口的衢州椪柑的生产技术的术语和定义、果园选择与管理、苗木、建园定植、整形修剪、花果管理、土肥水管理、病虫害防治及灾害防控等技术要求;

　　——修改了第 3 部分用于出口的衢州椪柑果实的商品化处理;

　　——修改了第 4 部分用于出口的衢州椪柑果实的采收、贮藏保鲜与运输。

　　新修订的《衢州椪柑出口技术规范》分为三个部分:

　　——第 1 部分:生产技术;

　　——第 2 部分:商品化处理;

　　——第 3 部分:贮藏和运输。

　　本文件附录 A 为规范性附录。

　　本文件起草单位:衢州市农业林业科学研究院、衢州市柯城区农业农村局、浙江佳农果蔬股份有限公司、衢州海关。

　　本文件主要起草人:郑雪良、陈骏、刘丽丽、王登亮、郑利珍、孙建城、马创举、刘春荣、叶先明、雷美康。

　　本文件为第一次修订发布。

衢州椪柑出口技术规范　第2部分:商品化处理

1　范围

本文件规定了用于出口的衢州椪柑果实术语和定义、包装厂要求、商品化处理基本要求、果品规格和质量等级、商品化处理流程。

本文件适用于衢州椪柑出口的商品化处理。

2　规范性引用文件

下列文件中的内容通过文中的规范性引用而构成本文件不可少的条款。其中,注日期的引用文件,仅该日期对应的版本适用于本文件;不注日期的引用文件,其最新版本(包括所有的修改单)适用于本文件。

GB 2760　食品安全国家标准　食品添加剂使用标准

GB 2762　食品安全国家标准　食品中污染物限量

GB/T 34344　农产品物流包装材料通用技术要求

3　术语和定义

下列术语和定义适用于本文件。

3.1

浮皮

果实在成熟或贮藏过程中,果皮与果肉之间产生空隙分离的现象。

3.2

追溯标签

食品的二维码标签记载了食品的原产地、生产、加工、物流、销售等详细的信息,消费者用手机扫描二维码标签,就可以得知该食品的详细溯源信息。

4　包装厂要求

要求建设原料库、包装车间、成品库、冷藏库。配备商品化处理包装机械设备、足够的周转箱及装卸工具(叉车),并有无害化处理池、装车间、停车场等。

5　商品化处理基本要求

场所器具消毒。产季商品化处理加工前5 d~10 d,将车间打扫干净。将所有生产设备、装果用具等清洗干净后放置于车间,紧闭门窗,按30 g/m³~50 g/m³硫黄燃烧熏蒸消毒。或喷40%福尔马林消毒于场所每处及所有器具。72 h后开门窗通风。

操作工上岗前经过培训。工作时戴手套、穿工作服、戴工作帽。果实或已装果器具尽量避免碰撞、挤压、抛甩等易对果实造成机械损伤的不良操作。

6 果品规格和质量等级

6.1 果品规格

按果实横径大小划分为 XL、L、M、S 和 SS 五个规格。不同规格的果实不能混装。果品规格要求应符合表 1 的规定。

表 1 果品规格

规格	SS	S	M	L	XL
果实横径 D/mm	$55 \leqslant D < 60$	$60 \leqslant D < 65$	$65 \leqslant D < 70$	$70 \leqslant D < 75$	$75 \leqslant D < 80$

6.2 质量等级

每种果品规格分为特级果、一级果和二级果三个等级。各级果实要求新鲜完整、果面整洁、风味纯正,具体质量等级规定见表 2。

表 2 质量等级

等级	要求
特级果	果实橙黄色,果形端正,果面光洁,果蒂完整,剪口平滑,最大斑疤的直径或长度不得超过 3 mm,斑疤合计面积不得超过果皮总面积的 5%。缺陷果不得超过 3%。串级果不超过 10%,不得有隔级果。果肉无枯水。甜酸适中,肉脆爽口,化渣性好。无异味。
一级果	果实橙黄色或淡黄色,果形端正,果面光洁,果蒂完整,剪口平滑,最大斑疤的直径或长度不得超过 4 mm,斑疤合计面积不得超过果皮总面积的 7%。缺陷果不得超过 5%。串级果不超过 10%,不得有隔级果。果肉无枯水。甜酸适中,肉脆爽口,化渣性较好。无异味。
二级果	果实淡黄色,果形端正,果面光洁,果蒂完整,剪口平滑,最大斑疤的直径或长度不得超过 5 mm,斑疤合计面积不得超过果皮总面积的 10%。缺陷果不得超过 10%。串级果不超过 10%,不得有隔级果。风味不太酸,化渣性尚可。无异味。

7 商品化处理流程

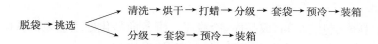

脱袋→挑选
清洗→烘干→打蜡→分级→套袋→预冷→装箱
分级→套袋→预冷→装箱

7.1 脱袋

将果实从被覆的塑料袋中脱出,要求操作者戴手套、轻拿轻放。

7.2 挑选

将腐烂果、伤果、病虫果、畸形果、浮皮果等挑出。

7.3 清洗分级打蜡

7.3.1 生产线选用

选用多通道智能化柑橘分选设备,避免果实机械损伤。

7.3.2 清洗

将果实倒入配有专用清洗剂的清洗池,清除果面沙粒、枯叶等杂物,以免损伤果实,影响果实的贮运。清洗剂的种类与用量应符合 GB 2760 和 GB 2762 的要求。

7.3.3 烘干打蜡

打蜡烘干热风温度控制在 50 ℃～60 ℃。所选蜡液及用量符合 GB 2760 和 GB 2762 的要求。

7.3.4 分级

按进口商指定的规格进行分级选果。

7.3.5 套袋

戴手套将果实放入相应规格的商品包装袋内,要求果实中间部位与包装袋印刷装饰图案中央基本一致,确保美观。包装材料应符合 GB/T 34344 的要求。

7.3.6 预冷

将果实置于 8 ℃左右冷库内进行风冷预冷 24 h。

7.4 装箱

7.4.1 包装材料

选用瓦楞纸箱或塑料箱。

7.4.2 包装箱及标签设计

包装箱印制"衢州椪柑"统一品牌标识,标明出境果园注册登记编号和包装厂编号,同时加贴追溯标签。追溯标签设计成二维码,以农产品质量信息网为平台。基地按加工批次将生产资料、种植记录和农药残留检测等数据录入系统,上传服务器后按照批次生成二维码,该二维码将作为该批次柑橘的终生"身份证"。

7.4.3 包装

按进口商指定的规格进行包装。

7.4.4 净含量

装箱净含量应符合《定量包装商品计量监督管理办法》。

ICS 65.020.20
CCS B 05

DB3308

浙 江 省 衢 州 市 地 方 标 准

DB 3308/T 027.4—2022

代替 DB 3308/T 027.4—2015

衢州椪柑出口技术规范
第3部分：贮藏和运输

2022-11-02 发布

2022-12-02 实施

衢州市市场监督管理局 发布

前　言

　　本文件按照 GB/T 1.1—2020 《标准化工作导则　第 1 部分:标准化文件的结构和起草规则》给出的规定起草。

　　请注意本文件的某些内容可能涉及专利。本文件的发布机构不承担识别专利的责任。

　　本文件由衢州市农业农村局提出并归口。

　　本文件代替了《衢州椪柑出口技术规范》(DB 3308/T 027.1—2015、DB 3308/T 027.2—2015、DB 3308/T 027.3—2015、DB 3308/T 027.4—2015),与此相比,除编辑性修改外,主要技术变化如下:

　　——将原文件的第 2 部分"商品果"部分内容并入第 3 部分"商品化处理";

　　——修改了第 1 部分用于出口的衢州椪柑的生产技术的术语和定义、果园选择与管理、苗木、建园定植、整形修剪、花果管理、土肥水管理、病虫害防治及灾害防控等技术要求;

　　——修改了第 3 部分用于出口的衢州椪柑果实的商品化处理;

　　——修改了第 4 部分用于出口的衢州椪柑果实的采收、贮藏保鲜与运输。

　　新修订的《衢州椪柑出口技术规范》分为三个部分:

　　——第 1 部分:生产技术;

　　——第 2 部分:商品化处理;

　　——第 3 部分:贮藏和运输。

　　本文件附录 A 为规范性附录。

　　本文件起草单位:衢州市农业林业科学研究院、衢州市柯城区农业农村局、浙江佳农果蔬股份有限公司、衢州海关。

　　本文件主要起草人:郑雪良、陈骏、刘丽丽、王登亮、郑利珍、孙建城、马创举、刘春荣、叶先明、雷美康。

　　本文件为第一次修订发布。

衢州椪柑出口技术规范 第3部分:贮藏和运输

1 范围

本文件规定了用于出口的衢州椪柑的术语和定义、果实采收、果实规格和贮藏保鲜时间、库房和贮藏用具的准备、防腐保鲜处理、预贮、分级和套袋、贮藏、运输、装车。

本文件适用于出口衢州椪柑的贮藏和运输。

2 规范性引用文件

下列文件中的内容通过文中的规范性引用而构成本文件不可少的条款。其中,注日期的引用文件,仅该日期对应的版本适用于本文件;不注日期的引用文件,其最新版本(包括所有的修改单)适用于本文件。

GB/T 191 包装储运图示标志
GB 2762 食品安全国家标准 食品中污染物限量
GB 2763 食品安全国家标准 食品中农药最大残留限量

3 术语和定义

下列术语和定义适用于本文件。

3.1

预贮
果实贮藏前,置于通风处以散发田间热和蒸发果皮的水分。

3.2

干耗
果实在贮藏过程中因水分蒸发而造成的失重百分率。

3.3

烂耗
在贮藏过程中腐烂的果实占果实总量的百分率。

4 果实采收

4.1 采收准备
箱、框、篮等装运果实工具应在采果前清洗晾干。

4.2 采收时期
贮藏时间较长的果实,宜在立冬前后采收;鲜销的果实,宜在小雪前后采收。

4.3 采收天气
宜在晴天果面露水或雨水干后采收。

4.4 采收方法

选黄留青,分批采收。采果人员应事前剪指甲,作业戴手套。用圆头型采果剪采果,剪平果蒂,采用2次剪果法,第1次将果实留长梗剪下,第2次齐果蒂将果梗剪平。采摘时不攀枝拉果,轻采轻放,防止果实碰伤、压伤和日晒。将腐烂果、伤果、落地果、泥浆果、病虫果、畸形果、霜冻果等挑出,不用于贮藏。

5 果实规格与贮藏保鲜时间

L及以上规格的果实贮藏时间以90 d内为宜;干耗、烂耗不超过10%。M规格的果实贮藏时间以100 d内为宜,干耗、烂耗不超过10%。S规格的果实贮藏时间以120 d内为宜,干耗、烂耗不超过15%。SS规格的果实贮藏时间以150 d内为宜,干耗、烂耗不超过15%。

6 库房和贮藏用具的准备

6.1 库房准备

库房应具有良好的通风换气和保温保湿能力。贮藏前库房打扫干净,并在入库前一周进行消毒处理;在入库前24 h敞开门窗,通风换气。

6.2 贮藏用具准备

塑料箱、木板箱等贮藏用具,洗净晾干备用。

7 防腐保鲜

7.1 防腐保鲜剂要求

防腐保鲜剂应符合进口国及GB 2762、GB 2763的规定。

7.2 防腐保鲜剂处理

将防腐保鲜剂按规定浓度配成溶液,将果实浸在药液中30 s~60 s后,取出晾干。防腐保鲜剂处理在果实采后的24 h内进行。

8 预贮

经防腐保鲜处理后的果实放在通风的库房,利用空气对流使果实失去部分水分并愈合伤口以增加贮藏性。预贮时间长短视采收前后天气而定,一般为7 d~10 d,多雨年份15 d~20 d。以果实略具弹性、失重率在3%~5%为宜。

9 分级和套袋

按第2部分中6.1的要求进行分级、单果套袋,不同规格的果实分开贮藏。

10 贮藏

10.1 箱(筐)藏

箱(筐)装果实,上部留5 cm的空间;果箱(筐)在库房内呈品字形堆码,箱间留10 cm~15 cm间隙,堆间留80 cm~100 cm宽的通道,四周与墙壁相隔30 cm~40 cm。果箱(筐、篓)堆放高度视容器的耐压程度而定,但最上层离库房顶棚需有100 cm以上的空间。每件装果实净重不宜超过25 kg。

10.2 架藏

用木架、铁架、水泥杆架等贮藏果实,架的宽度以两人能操作为宜。层数以便于操作为宜,但最高层顶部距离库房顶部至少 100 cm。

10.3 库房管理

10.3.1 库房要求

库房门窗遮光,气温 5 ℃~10 ℃、相对湿度 85%~90%。

10.3.2 管理要求

贮藏初期,在外界气温低于库温的晴天夜晚与早晨,应敞开所有通风口或开动排风机械,加速库内气体交换;贮藏中期,当气温低于 4 ℃时,应关闭门窗,加强室内防寒保暖,通风换气选择在气温较高的晴天午间进行;贮藏后期,当外界气温超过 20 ℃时,白天应紧闭通风口,实行早晚通风换气。

10.3.3 增湿

当库房内相对湿度降到 80%时,箱藏的应覆盖塑料薄膜保湿,薄膜的宽度应略小于果堆的宽度;在地面洒水或在库中放 3 个~5 个盛有水的盆。洒水时不应直接将水洒于果面上。

10.3.4 检查

每个月都检查果实的腐烂情况,捡出腐烂果,拿到库外集中处理。检查时以尽量少翻动避免果实受伤为原则。

11 运输

11.1 运输的基本要求

快装快运、轻装轻卸、防热防冻。

11.2 运输工具

选用集装箱、冷藏车或普通卡车。

11.3 温湿度管理

运输途中尽量保持较低的恒定温度和较高的湿度。集装箱、冷藏车保持温度 7 ℃~8 ℃,相对湿度为 85%~90%。

11.4 运输完成管理

到达目的地要迅速转入冷库或进入销售冷链。

12 装车

12.1 装车工具

选用集装箱或托盘集。

12.2 果箱堆码方法

采用品字形装车法或井字形装车,要求牢固不易倾覆,果箱之间留有空隙,以利内部空气流通。

ICS 65.020.20
CCS B 31

DB3308

浙江省衢州市地方标准

DB 3308/T 113—2022

常山胡柚绿色生产技术规程

2022-09-22 发布

2022-10-22 实施

衢州市市场监督管理局 发布

前　言

本文件按照 GB/T 1.1—2020 《标准化工作导则　第 1 部分:标准化文件的结构和起草规则》给出的规定起草。

请注意本文件的某些内容可能涉及专利。本文件的发布机构不承担识别专利的责任。

本文件由衢州市农业农村局提出并归口。

本文件起草单位:常山县农业特色产业发展中心、浙江省农业科学院、衢州市农业特色产业发展中心。

本文件主要起草人:张志慧、郑蔚然、汪丽霞、王刚、毕旭灿、杨兴良、计明月、莫小荣、吴群、姜翔鹤。

常山胡柚绿色生产技术规程

1 范围

本文件规定了常山胡柚绿色生产的术语和定义、园地选择、栽培管理、采收与贮藏、生产记录等内容。

本文件适用于常山胡柚绿色生产。

2 规范性引用文件

下列文件中的内容通过文中的规范性引用而构成本文件必不可少的条款。其中，注日期的引用文件，仅该日期对应的版本适用于本文件；不注日期的引用文件，其最新版本（包括所有的修改单）适用于本文件。

GB 2762 食品安全国家标准 食品中污染物限量

GB 2763 食品安全国家标准 食品中农药最大残留限量

GB 5084 农田灌溉水质标准

GB/T 8321（所有部分） 农药合理使用准则

GB/T 9659 柑橘嫁接苗

GB/T 15063 复合肥料

GB 15618 土壤环境质量 农用地土壤污染风险管控标准（试行）

GB/T 18877 有机无机复混肥料

NY/T 393 绿色食品 农药使用准则

NY/T 496 肥料合理使用准则 通则

NY/T 525 有机肥料

3 术语和定义

下列术语和定义适用于本文件。

3.1

常山胡柚 Changshan huyou

又名常山柚橙，是酸橙的栽培变种，原产于浙江省常山县，是国家地理标志保护产品、农产品地理标志产品，其果实扁圆形，单果重 200 g～300 g，橙黄色或黄色，果面光滑，肉质细嫩多汁，味酸甜、微苦。

4 园地选择

4.1 气候条件

年平均温度 16 ℃～20 ℃，1月平均温度 5 ℃～8 ℃，≥10 ℃的年积温在 5 300 ℃以上。

4.2 土壤条件

土壤肥沃、有机质含量在 1.5％以上，排水性良好，土壤 pH 为 5.5～6.5。土壤环境质量应符合 GB 15618 要求。

4.3 灌溉用水

灌溉水质应符合 GB 5084 的要求。

4.4 产地环境

选择生态条件良好,水源清洁,立地开阔,通风、向阳、排灌方便的地块,周围 5 km 内应无"三废"污染等其他污染源,宜距离交通主干道 200 m 以外的生产区域。

5 栽培管理

5.1 品种及苗木质量

5.1.1 品种

选用优质、抗逆性强、高产的优良品种(系),如 01－7 优系。

5.1.2 苗木质量

栽植无病毒苗木、大苗、壮苗和容器苗,苗木质量应符合 GB/T 9659 要求。

5.2 定植

5.2.1 定植时间

裸根苗宜在 10 月中下旬或 2 月下旬至 3 月中旬定植,容器苗在生长季均可定植。

5.2.2 定植方式

5.2.2.1 山地定植。山地应筑梯地,梯面宽应在 3 m 以上,定植沟以宽 1.0 m、深 0.8 m 为宜,沟内下填有机肥 150 t/hm²～200 t/hm²,有机肥应符合 NY/T 525 的规定,后覆土填实,并作宽 1.0 m 的畦,畦面高出地面 15 cm～20 cm。

5.2.2.2 平地定植。平地挖定植沟同山地定植,畦面高出地面 20 cm～30 cm。平地也可挖穴定植,定植穴长宽各 1.0 m、深 0.8 m 以上,穴内分层施有机肥 50 kg～70 kg。

5.2.3 定植密度

根据地形适当调整,每 667 m²(亩)栽植 40 株～45 株,株距 3 m～4 m,行距 4 m～5.5 m。规模化生产宜采用"宽行窄株"种植,株距 2 m～3 m,行距 5 m～6 m。

5.3 土壤管理

5.3.1 深翻改土

成年胡柚园宜在树冠外围开条状沟深翻改土,深 0.3 m～0.5 m、宽 0.5 m～0.7 m,分层埋施绿肥、有机肥,或在树冠外围进行土肥混合深翻,每株施用有机肥 40 kg。

5.3.2 生草栽培

宜实行生草栽培或种植绿肥。在行间树盘外自然生草,去除恶性杂草,在草生长旺季刈割 2 次～3 次,割下的草覆于树盘下。种植绿肥宜选用紫云英、豌豆、苜蓿等豆科植物和黑麦草,不应选用攀爬、高秆和块茎块根类植物,绿肥一年可种植 2 次。

5.3.3 中耕培土

在夏季干旱前,结合除草中耕一次,中耕深度为 10 cm～15 cm。培土宜在冬季寒潮来临前进行。

5.4 施肥管理

5.4.1 原则

肥料的使用方法应符合 NY/T 496 的规定,因树因地,科学施肥。运用测土配方施肥,以有机肥为主,有针对性补充中、微量元素肥料。宜增施钙、镁肥,pH 在 5.5 以下的土壤选用碱性复合肥,复合肥质量应符合 GB/T 15063 的规定。

5.4.2 幼龄树

5.4.2.1 薄肥勤施,以氮肥为主,配合施用磷、钾肥,并结合深翻改土、增施绿肥等有机肥与复合肥配合施用。

5.4.2.2 幼树定植后第 1 年 3 月—9 月,每月兑水浇施 1 次~2 次。2 年~4 年生树年施肥次数减至 4 次~5 次,在 2 月、5 月、7 月、9 月施用。随树龄增大,施肥量逐渐增加。结合防治病虫害,在各次梢顶芽自剪至新梢老熟前,喷施磷酸二氢钾等根外追肥 1 次~2 次。

5.4.3 初结果树

进入初果期后,年施肥 3 次,在 2 月中下旬施萌芽肥,株施复合肥 0.3 kg~0.5 kg+有机肥 15 kg~20 kg,或有机无机复混肥 1.5 kg。有机无机复混肥质量应符合 GB/T 18877 的规定。7 月中下旬施壮果肥,株施高钾复合肥 0.3 kg~0.5 kg;11 月中下旬施采后肥,株施复合肥 0.3 kg~0.5 kg+饼肥 2 kg。结合防治病虫害,根外追施镁、硼等中微量元素肥 3 次~4 次。

5.4.4 成龄树

5.4.4.1 一般中等肥力胡柚园,以每 667 m²(亩)产果 2 500 kg 计,施纯氮 10 kg~11 kg。全年氮、磷、钾比例 1∶0.5∶0.8。有针对性补充微量元素肥料。

5.4.4.2 年施肥 3 次,在 2 月中下旬施萌芽肥:株施复合肥 1 kg,或有机无机复混肥 2 kg~2.5 kg。7 月中下旬施壮果肥:株施高钾复合肥 1 kg+饼肥 2 kg~3 kg。11 月中下旬施采后肥:株施复合肥 1 kg+有机肥 25 kg。结合防治病虫害,根外追施镁、硼等中微量元素肥 3 次~4 次。

5.5 水分管理

5.5.1 灌溉

胡柚发生干旱,叶片卷曲应及时灌溉,果实膨大前期(7 月—8 月)充分灌溉,果实膨大后期(9 月—11 月)适当控水,采果后为恢复树势和安全越冬防冻应浇足水。

5.5.2 排水

设置排水系统并及时清淤,多雨季节或果园积水时及时排水。地下水位较高应采取强制排水措施。

5.6 整形修剪

5.6.1 整形

5.6.1.1 宜采用自然开心形整形,通过整形培养树体的主干和主枝,保持树体的通风透光。

5.6.1.2 第 1 年,定植时在高 50 cm~60 cm 处定干,抹除 30 cm 以下的嫩芽。选留 3 个~4 个方位合理、分布均匀、生长强健的新梢做主枝,并抹去其余嫩芽。在主枝及其延长枝每次生长到 20 cm~25 cm 时进行摘心,使主枝长度保持在 50 cm~60 cm。

5.6.1.3 第2年，在主枝延长枝下方培养1个～2个方向合理的副主枝，过长的摘心。

5.6.1.4 第3年，在已选留的副主枝上使其延长和培养侧枝，在副主枝培养间距合理的1个～2个侧枝。在主枝、副主枝和侧枝两侧配置结果枝组。在整形过程中，应注意保留一定数量的辅养枝，除去过密枝和弱枝。最终形成树冠紧凑、树形开张的丰产树冠。

5.6.2 修剪

5.6.2.1 幼龄树

以轻剪为主，着重生长期修剪。每次新梢长20 cm～25 cm时摘心，做到每年培养3次～4次梢。避免重短截。除对过密枝群做适当疏删外，内膛枝和树冠中下部较弱的枝梢一般均应保留。

5.6.2.2 初结果树

继续选择和短截处理各级骨干枝延长枝，抹除夏梢，促发健壮秋梢，对过长的营养枝留20 cm～25 cm及时摘心，回缩或短截结果后的枝组。

5.6.2.3 成龄树

修剪原则是"上重、下轻，外重、内轻"。注意保留树冠内部和下部的弱枝。及时回缩结果枝组、落花落果枝组和衰退枝组。剪除枯枝、病虫枝。对当年抽生的夏、秋梢营养枝，通过短截、抹除其中部分枝梢调节翌年产量，防止大小年结果。对骨干枝偏多、树冠郁闭的采取大枝修剪技术，开"天窗"将光线引入树冠内膛，重新调整树体结构，改造成矮化紧凑、内部阳光通透、枝条配置合理的树形。树高控制在2.5 m以内，主枝3个～5个，每个主枝配置副主枝2个～3个。

5.7 花果管理

5.7.1 促花

旺长树宜在秋季采用环割、断根、拉枝、撑枝、吊枝、控水等措施促进花芽分化。环割不应割主干或整圈，宜左半圈右半圈错开环割。

5.7.2 保花保果

对生长势较强的胡柚树，可采取花期环割保果。现蕾期和花谢2/3期各喷施一次硼肥、磷酸二氢钾肥。

5.7.3 人工疏果

按叶果比（60～70）∶1进行疏果，在定果后（6月下旬）开始分次疏果，先疏除病虫果、机械伤果、畸形果、特小果；再按照留果标准继续疏除粗皮大果、小果，使留树果实大小一致。其中6月25日至7月25日期间疏除的果实可作为衢枳壳原药材使用。

5.8 病虫害防治

5.8.1 防治原则

以农业防治、物理防治、生物防治为主，化学防治为辅。

5.8.2 防治方法

5.8.2.1 农业防治

因地制宜，选择抗性品种和砧木；科学施肥，合理负载，增强树势；科学整形，合理修剪，保持树冠通风透光良好；冬季清园，剪除病虫枝、清除枯枝落叶、树干刷白，减少病虫源；土壤改良，地面覆盖，促进树体健壮生长，增强树体抗性。

5.8.2.2 物理防治

根据害虫生物学特性,采用糖醋液、黑光灯、频振式杀虫灯、黄板等方法诱杀害虫。

5.8.2.3 生物防治

保护利用尼氏钝绥螨等自然天敌。可人工释放胡瓜钝绥螨防治红蜘蛛、黄蜘蛛等害螨。释放方法:在平均每片叶红蜘蛛、黄蜘蛛等害螨数量不超过 2 头时,每株树挂 1 袋胡瓜钝绥螨产品。在果园安装性诱剂诱杀害虫。宜使用生物农药防治病虫害。

5.8.2.4 化学防治

根据病虫监测,掌握病虫害发生动态,达到防治指标时根据环境和物候期适时对症用药。使用与环境相容性好、高效、低毒、低残留的农药。轮换使用不同作用机理的农药,根据农药标签合理使用,严格执行农药安全间隔期。农药使用按 GB/T 8321 的规定执行,优先选用 NY/T 393 推荐农药。主要病虫害的化学防治部分药物推荐参见附录 A。

6 采收与贮藏

6.1 采收

6.1.1 采收时间

6.1.1.1 鲜食果采收时间

果皮转色在 80% 以上,有浓郁的香气和风味,果实肉质已软化,可溶性固形物≥10% 时可采摘。

6.1.1.2 贮藏果采收时间

对贮藏或需长途运输的果实,比鲜食用果实采摘稍早,果皮转色 70% 以上,肉质尚未完全软化时即可采摘。

6.1.2 采收方法

应先熟先采,分批采摘。采摘应自下而上、由外到内进行。采用"双剪法",第一剪果柄长 2 cm～3 cm,第二剪再剪平果蒂。

6.1.3 采收注意事项

宜在晴天或阴天采果,采果应轻拿、轻放、轻搬、轻卸,不应乱丢。将好果、落地果、伤果、病虫果分开堆放,落地果不应作为商品果出售。采果人员采收时应佩戴手套,以免伤及果皮。

6.2 质量要求

污染物限量应符合 GB 2762 的规定,农药残留限量应符合 GB 2763 的规定。

6.3 贮藏

6.3.1 产品仓库应清洁无异味,远离有毒、有异味、有污染的物品;仓库应通风、干燥、避光,配有除湿装置,并具有防虫、鼠、畜禽的措施。

6.3.2 应及时分级并防腐保鲜后套袋存放,与墙壁保持适当的距离,并定期检查。发现虫蛀、腐烂等现象,应当及时剔除。

7 生产记录

应详细记录产地环境条件、投入品、生产技术、病虫害的发生和防治、采收及采后处理等情况,并保存记录不少于 2 年。

附录 A

（资料性附录）

表 A.1　常山胡柚主要病虫害化学防治及部分推荐农药

防治对象	防治适期或指标	推荐药剂及浓度	安全间隔期/d	注意事项
橘全爪螨（柑橘红蜘蛛）	花前 1 头/叶～2 头/叶，花后和秋季 5 头/叶～6 头/叶	5 月—9 月喷 20％乙螨唑 2 000 倍液或 24％螺螨酯 4 000 倍液；萌芽前或冬季清园 30％松脂酸钠 300 倍液全园喷施	≥30	
橘始叶螨（柑橘黄蜘蛛）	花前 1 头/叶，花后 3 头/叶	1.8％阿维菌素 4 000 倍～5 000 倍液	≥21	
锈壁虱	叶上或果上 2 头/视野～3 头/视野；当年春梢叶背出现被害状；果园中发现一个果出现被害状	5％噻螨酮 1 500 倍～2 000 倍液	≥30	
蚜虫	新梢有蚜率 25％左右喷药	10％吡虫啉 2 000 倍～3 000 倍液	≥21	每季作物最多使用 2 次
		20％啶虫脒 10 000 倍～20 000 倍液	≥14	
介壳虫（长白蚧、黄圆蚧、矢尖蚧）	5 月中下旬第一代若虫孵化高峰期，是全年防治的关键时期，或有越冬雌成虫的秋梢叶达 10％以上	萌芽前或冬春季清园 30％松脂酸钠 300 倍液全园喷施；5 月—9 月使用 22.4％螺虫乙酯 3 000 倍～4 000 倍液、99％矿物油 200 倍～300 倍液或噻嗪酮 1 000 倍液喷雾，冬季清园 99％矿物油 200 倍液喷雾	≥20	介壳虫和黑刺粉虱可同时防治
红蜡蚧	一年 1 代，6 月中旬至 7 月上旬是全年防治的关键时期	萌芽前或冬春季清园 30％松脂酸钠 300 倍液全园喷施；6 月—7 月使用 22.4％螺虫乙酯 3 000 倍～4 000 倍液喷雾	≥20	为害严重果园于 6 月中旬、7 月上旬防治 2 次
黑刺粉虱	6 月上旬第一代若虫孵化高峰期，是全年防治的关键时期	萌芽前或冬春季清园 30％松脂酸钠 300 倍液全园喷施；6 月—10 月使用 22.4％螺虫乙酯 3 000 倍～4 000 倍液喷雾	≥20	黑刺粉虱和介壳虫可同时防治
潜叶蛾	多数新梢嫩芽长 0.5 cm～2cm 时喷药	20％啶虫脒 12 000 倍～16 000 倍液	≥14	肥水控制，促使新梢抽发整齐，抹除过早和过晚抽发不整齐的夏、秋梢，以利施药
		25％除虫脲 2 000 倍～4 000 倍液	≥35	
		1.8％阿维菌素 2 000 倍～4 000 倍液	≥14	

表 A.1 （续）

防治对象	防治适期或指标	推荐药剂及浓度	安全间隔期/d	注意事项
潜叶甲	每年3月底至4月初春梢萌芽时，是全年防治的关键时期；春梢嫩叶有卵率15%～20%	25%哒螨·辛硫磷1 000倍～1 500倍液	≥20	每季作物最多使用2次
天牛	树干或地上出现残食粉末	40%噻虫啉3 000倍～4 000倍液喷淋主干和主枝	≥21	每季作物最多使用2次
黑点病	发病前或发病初期	80%代森锰锌200倍～600倍液	≥14	每季作物最多使用3次
		10%苯醚甲环唑2 000倍～2 500倍液	≥15	
炭疽病	春、夏梢嫩梢期和果实接近成熟时，均需喷药	嘧菌酯250 g/L 800倍～1 200倍液	≥14	每季作物最多使用3次
		75%肟菌·戊唑醇4 000倍～6 000倍液	≥21	每季作物最多使用2次
黄斑病	新梢长2 cm～3 cm	80%代森锰锌200倍～600倍液	≥14	黑点病和黄斑病可同时防治
注：如有新型高效低毒残留的化学农药，应优先选用。				

ICS 66.020.20
CCS B 31

DB3308

浙 江 省 衢 州 市 地 方 标 准

DB 3308/T 111—2022

衢橘栽培技术规程

2022-08-31 发布　　　　　　　　　　　　2022-09-30 实施

衢州市市场监督管理局 发布

前　言

本文件依据 GB/T 1.1—2020 《标准化工作导则　第 1 部分：标准化文件的结构和起草规则》给出的规定起草。

本文件的某些内容可能涉及专利。本文件的发布机构不承担识别这些专利的责任。

本文件由衢州市农业农村局提出并归口。

本文件起草单位：衢州市柯城区农业特色产业发展中心。

本文件主要起草人：翁水珍、刘烨珏、朱一成、刘国群、李海定、吴群、程慧林、张勇。

本文件为首次发布。

衢橘栽培技术规程

1 范围

本文件规定了衢橘术语和定义以及衢橘生产的园地选择、苗木定植、土肥水管理、整形修剪、花果管理、病虫害防治、采收贮运等技术要求。

本文件适用于衢橘的栽培生产与管理。

2 规范性引用文件

下列文件中的内容通过文中的规范性引用而构成本文件必不可少的条款。其中，注日期的引用文件，仅该日期对应的版本适用于本文件；不注日期的引用文件，其最新版本（包括所有的修改单）适用于本文件。

GB 3095 环境空气质量标准

GB 5084 农田灌溉水质标准

GB/T 8321（所有部分） 农药合理使用准则

GB 15618 土壤环境质量 农用地土壤污染风险管控标准（试行）

NY/T 496 肥料合理使用准则 通则

NY/T 974 柑橘苗木脱毒技术规范

NY/T 975 柑橘栽培技术规程

NY/T 2044 柑橘主要病虫害防治技术规范

NY/T 5015 无公害食品 柑橘生产技术规程

DB33/T 328 柑橘生产技术规程

3 术语和定义

下例术语和定义适用本文件。

3.1

衢橘

衢橘是衢州的传统特色主栽品种，果小籽多、味酸甜、皮朱红、香气足、抗寒性强，具有药食兼用作用，衢橘皮是制作缸酱、高级食用香料、食品添加剂等食品以及中药陈皮的上佳原料。衢橘是朱红橘的一个种，又称大红袍、朱砂橘、朱橘、朱柑，俗称小橘、橘红。

4 园地选择

4.1 气候

年平均温度 16 ℃～20 ℃，绝对最低温度不低于－9 ℃，1 月平均温度≥5 ℃，≥10 ℃年有效积温在 5 300 ℃以上。

4.2 地形地势

适地适栽，选择良好的地形地势。

4.2.1 丘陵坡地

选择背风向阳、供水良好、坡度 20°以下的缓坡。

4.2.2 平地

选择排水良好、地下水位 1 m 以下的地块。

4.3 土壤

土壤土层深厚,质地疏松肥沃,土壤有机质含量在 15g/kg 以上,土壤 pH 为 5.0～6.5,排水良好,并符合 GB 15618 要求。

4.4 灌溉水

水源充足,能满足衢橘生长需求,水质符合 GB 5084 要求。

4.5 大气

橘园远离污染源,并符合 GB 3095 要求。

4.6 园地整理

4.6.1 坡地应建梯地种植,平地应起垄栽培。

4.6.2 园地应配套建设橘园道路、水利、防护林网、贮运等设施。

5 苗木定植

5.1 育苗

5.1.1 苗木嫁接

以枳作枯木嫁接。一般以春季 3 月—4 月嫁接为主,采用腹接法、芽接法、切接法进行嫁接。

5.1.2 苗木质量

苗木径粗 0.5 cm 以上,苗高 40 cm 以上,分枝 2 个以上,须根多,无检疫性病虫害。优先选择脱毒苗木和容器苗。无病毒苗木培育参照 NY/T 974。

5.2 定植

5.2.1 时间

春季定植时间为 2 月—3 月,秋季定植时间为 9 月—10 月中旬。容器苗在生长季都可定植。

5.2.2 密度

丘陵山地:株距×行距为(2.5～3.0)m×(4.0～5.0)m。

平地:株距×行距为(3.0～3.5)m×(5.0～6.0)m。

5.2.3 方法

挖好深 50 cm～60 cm、宽 60 cm～80 cm 的定植沟。分层施入有机肥 25 t/hm² ～50 t/hm²。起垄高 20 cm～30 cm。定植时使苗木嫁接口高出土面,定植后应浇足水,并保持土壤湿润,遇干旱应勤浇水保湿。隔 7 d～10 d 检查成活情况,发现死苗,及时补栽。

6 土肥水管理

6.1 土壤管理

6.1.1 改土

每隔 2 年～3 年进行全园深翻改土，改土深度为 30 cm～50 cm。深翻时结合施入腐熟农家肥、饼肥或商品有机肥。pH<5.5 的土壤每年增施 1.5 t/hm²～2 t/hm² 生石灰。

6.1.2 生草和种草

生草或种草宜在树冠滴水线外。生草应及时清除恶性杂草，草过高时及时刈草。种草选择矮秆浅根品种，以豆科类绿肥为宜。

6.1.3 生物覆盖

夏秋季高温干旱来临前，割草覆盖。入冬前，进行培土及用秸秆覆盖。

6.2 施肥

6.2.1 肥料选择

参照 NY/T 496 要求，选用有机肥和碱性肥料。

6.2.2 幼龄树施肥

定植当年，4 月—9 月中旬每隔一月施一次速效肥，11 月中下旬施越冬肥。肥料种类以氮肥为主，配合使用磷钾肥。

定植第二年至投产前，每次抽发新梢前施一次速效肥，11 月中下旬施越冬肥。氮：磷：钾以 1：0.5：0.5 的比例进行搭配。

6.2.3 结果树施肥

6.2.3.1 时间

一年施肥三次，芽前肥施肥时间为 2 月下旬至 3 月中旬，壮果肥为 6 月中下旬，采果肥为 11 月下旬。

6.2.3.2 施肥量

年施有机肥 7.5 t/hm²～15 t/hm²，氮磷钾折合纯量 0.6 t/hm²～0.675 t/hm²，氮：磷：钾＝1：0.5：1.0，补充钙、镁、硫、铁、锌、硼等中、微量元素。

6.2.4 施肥方法

6.2.4.1 挖环状、放射状、穴状、钻孔法进行土壤施肥。

6.2.4.2 微量元素、营养调节剂等采用叶面施肥。

6.3 水分管理

6.3.1 灌溉

优先采用滴灌、喷灌的方式进行灌溉，遇干旱应及时灌溉。春梢萌动及开花期（2 月—4 月）、果实膨大期（7 月—10 月）及采后注意观察土壤墒情。

6.3.2 排水

保持沟渠畅通，及时排水。

7 整形修剪

7.1 要求

7.1.1 营养生长期

剪除嫁接口以上 25 cm 范围内的分枝，以培养主干；培养主枝、副主枝，合理布局侧枝群。

7.1.2 生长结果期

继续培育扩展树冠,适量结果,合理安排培育辅养枝和结果枝组。

7.1.3 盛果期

控制树体高度 3 m 左右,保持较厚的绿叶层,树冠覆盖率 75%～85%。

删密留疏,疏除、回缩过密大枝或侧枝,剪除病虫枝,保持树冠通风透光,立体分层结果。

7.2 方法

7.2.1 休眠期修剪

重点疏除过密大枝、病虫枝、内膛枯枝和已结果枝,保持自然圆头形树冠。

7.2.2 生长期修剪

主干高 50 cm～60 cm,留 3 个～4 个主枝,每个主枝上留 2 个～3 个副主枝。进行抹芽、摘心、拉枝,剪除徒长枝、过密枝等。

8 花果管理

8.1 保花保果

8.1.1 控梢保果

春梢长至 2 cm～4 cm 时,按"三疏一""五疏二"疏梢,疏除细弱与徒长春梢,留中庸春梢;疏春梢时先疏去树冠顶部及外部的营养枝,内膛和下部的春梢留 15 cm～20 cm 摘心。抹去 5 月至 7 月中旬抽生的夏梢。

8.1.2 营养保果

盛花期至幼果期喷施叶面营养液肥 2 次～3 次,采用 0.1%～0.3%尿素＋0.2%磷酸二氢钾＋硼砂混合液等营养液肥。

8.1.3 植物生长调节剂保果

少花树或遇到异常气候时盛花期至谢花期喷 1 次 50 mg/kg 的赤霉素。花量少、长势旺的树喷布 1 次～2 次 500～750 mg/kg 的多效唑抑制春、夏梢生长。

8.2 撑枝吊果

8.2.1 时期

7 月下旬至 8 月初挂果量较多的树进行撑枝吊果。

8.2.2 方法

撑枝吊果选用毛竹、钢管等材料固定在树根基部,形成伞状绑缚托起挂果枝。

9 病虫害防治

9.1 防治原则

采用以农业防治、生物防治、物理防治为主,化学防治为辅的综合防治,保持农业生态系统的平衡和生物多样性。

9.2 防治措施

9.2.1 农业防治

实施翻土、修剪、清洁果园、排水、控梢等农业措施,减少病虫源,加强栽培管理,增强树势,提高树体自身抗病虫能力。

9.2.2 生物防治

人工引移、繁殖释放天敌。采用性引诱剂诱杀害虫。

9.2.3 物理防治

用黄板、黑光灯和频振式杀虫灯诱杀或香茅油等驱避害虫。

9.2.4 化学防治

实行指标化防治,主要病虫害防治适期和防治指标见附录 A。不得使用禁用农药,禁用农药清单见附录 B。根据不同农药,严格把握安全间隔期。并符合 NY/T 2044、NY/T 5015、NY/T 975、DB 33/T 328 要求。

10 采收贮运

10.1 采收

10.1.1 采收成熟度

鲜销的果实宜完熟采收,当果面转色 90％以上、品质达到该品种固有品质时采收;贮藏的果实在转色 70％～80％时采收。

10.1.2 工具

应选择圆头、剪口锋利的采果剪。采果盛放器具应结实,内壁光洁。

10.1.3 采收时间

采收时间在 11 月中下旬。采收在晴天进行,采前 10 d 停止灌水,采前 45 d 停止农药、化肥使用。雨后采摘时需待果面雨水干后采摘。

10.1.4 采收方法

果实可带叶采收或剪到齐果蒂。注意避免损伤果实和树体。

10.2 贮藏

果实采收后不用化学防腐剂处理。采收后的果实应进行贮藏。

10.2.1 预处理

贮藏的果实在遮阴通风处摊放 3 d～5 d,使果实降温和部分水分自然散失后用保鲜袋单果保鲜。

10.2.2 贮藏

短期贮藏选择通风阴凉处贮藏,长期贮藏建议冷库贮藏。贮藏期间注意检查,发现有腐烂果及时处理。

10.3 分等分级

衢橘果实色泽鲜艳,皮薄,单果重 50 g～80 g 左右。果实按横径分为 2L、L、M、S、2S 和等外果 6 个等级,其中 2L 为 65 mm～70 mm,L 为 60 mm～65 mm,M 为 50 mm～60 mm,S 为 40 mm～50 mm,2S 为 25 mm～40 mm,等外果＞70 mm 或＜25 mm。

10.4 运输

选择符合规定的车辆。搬运时轻拿轻放,放置整齐,并保持一定的通气性。运输过程中注意保持温度稳定。

附 录 A
（资料性附录）
主要病虫害防治

主要病虫害防治方法见表 A.1。

表 A.1 柑橘主要病虫害和防治方法

防治对象	防治适期	防治指标	推荐防治方法
黑点病（树脂病）	4月—7月（叶片，枝干，果实）。	主干和枝条上见病斑；上年发病较重的园块。	1. 加强肥水管理，健壮树势，休眠期合理修剪； 2. 及时清洁树体，去除枯枝、枯叶及病虫枝叶，并拿出园外销毁； 3. 春季用石硫合剂清园，幼果期选用代森锰锌等。
溃疡病	春梢芽长1 mm～2 mm；花谢2/3时至谢花末；6月中下旬幼果期。	枝条和叶片上见病斑。	1. 及时清园，将病虫枝、枯枝、落叶等拿出园外销毁； 2. 选用0.5%～0.8%等量式波尔多液、氢氧化铜等药剂防治。
炭疽病	新梢抽发期；幼果期；高温暴雨过后；本地早坐果后。	梢、叶、果发病率4%～5%；急性型的见病即治。	1. 加强肥水管理，健壮树势，合理修剪； 2. 春季用石硫合剂清园，幼果期选用代森锰锌、代森锌等。
黄斑病	5月—7月	上年发病严重的橘园。	1. 加强肥水管理，健壮树势，合理修剪； 2. 春季用石硫合剂清园，幼果期选用代森锰锌等。
红蜘蛛	冬春季清园；4月—6月；9月—10月。	冬春季清园平均每叶1头；4月—6月平均每叶2头～3头；9月—10月平均每叶3头。	1. 冬季清园用哒螨灵，春季清园用松碱合剂、矿物油、石硫合剂等； 2. 春季用螺虫乙酯、阿维菌素等； 3. 夏秋季用炔螨特、投放捕食螨等。
锈壁虱	7月—10月	10倍放大镜每视野2头～3头。	1. 春季清园用松碱合剂、矿物油、石硫合剂等； 2. 春季用哒螨酮、螺螨酯、阿维菌素等； 3. 夏秋季用炔螨特、微生物制剂等。
蚧类	春梢萌芽前；5月下旬、7月中旬、9月上旬孵化盛期。	果实有虫率3%；叶片有虫率8%。	1. 春季清园用松碱合剂； 2. 矿物油、噻嗪酮等。
黑刺粉虱	春季萌芽前；5月—9月上旬各代1龄～2龄若虫期。	平均每叶虫数1头以上。	1. 春季清园用石硫合剂或松碱合剂； 2. 矿物油、噻嗪酮等。
橘粉虱	1龄～2龄若虫期。	田间见群集性成虫。	1. 挂诱虫黄板； 2. 选用噻嗪酮、吡虫啉等。
蓟马	开花期至幼果期。	上年发生严重的橘园。	1. 挂诱虫蓝板； 2. 选用噻嗪酮、吡虫啉等。

表 A.1（续）

防治对象	防治适期	防治指标	推荐防治方法
蚜虫	4月—5月； 8月—9月。	新梢有蚜率25％。	选用吡虫啉、啶虫脒等。
潜叶蛾	7月—8月嫩梢抽发盛期，芽长1 cm～2 cm开始，间隔7 d～10 d一次，直至停梢。	5％嫩梢上的未展开叶片有危害。	1.抹芽控梢，统一放梢； 2.选用吡虫啉、啶虫脒、除虫脲等。

附　录　B
（资料性附录）
禁止使用农药

衢橘园禁止使用的农药有六六六、滴滴涕、毒杀芬、二溴氯丙烷、杀虫脒、二溴乙烷、除草醚、艾氏剂、狄氏剂、异狄氏剂、汞制剂、砷、铅类、敌枯双、氟乙酰胺、甘氟、毒鼠强、氟乙酸钠、毒鼠硅、甲胺磷、甲基对硫磷、对硫磷、久效磷、磷胺、甲拌磷、甲基异柳磷、特丁硫磷、甲基硫环磷、治螟磷、内吸磷、克百威、涕灭威、灭线磷、硫环磷、蝇毒磷、地虫硫磷、氯唑磷、苯线磷、氧乐果、水胺硫磷、灭多威、硫线磷、氟虫腈、杀扑磷、氯磺隆、福美胂、福美甲胂、胺苯磺隆、甲磺隆、百草枯、林丹、磷化钙、磷化镁、磷化锌、硫丹、六氯苯、氯丹、灭蚁灵、七氯、十氯酮、三氯杀螨醇、溴甲烷、2,4-滴丁酯以及国家规定禁止使用的其他农药。

附　录　C
（资料性附录）
衢州市衢橘标准化生产管理模式

农事时间	1月1日至2月中旬	农事操作	防寒防冻,树干涂白,树盘覆盖。
	2月中旬至3月上旬		定植修剪,春季清园,施芽前肥。
	3月中旬至4月中旬		除草,病虫害防治。
	4月下旬至6月初		保花保果,病虫害防治,开沟排水。
	6月上旬至7月上旬		控夏梢,病虫害防治,开沟排水。
	7月上中旬至8月下旬		放秋梢,病虫害防治,施定果肥。
	8月下旬至10月上旬		抗旱,病虫害防治,施叶面肥,控晚秋梢,防治台风、涝害。
	10月中旬至11月中旬		控水,果实采收。
	11月下旬至12月		控水,施采后肥,防冻,树干涂白,树盘覆盖,冬季清园。

ICS
B 05

DB3308

浙 江 省 衢 州 市 地 方 标 准

DB 3308/T 019—2018

代替 DB 3308/T 019—2012

天草橘橙生产技术规程

2018-07-11 发布   2018-08-11 实施

衢州市质量技术监督局 发布

前　言

本文件依据 GB/T 1.1—2009 《标准化工作导则　第 1 部分:标准的结构和编写》给出的规定起草。

本文件代替 DB 3308/T 19—2012 《无公害天草橘橙生产技术规程》。与 DB 3308/T 19—2012 相比,除编辑性修改外主要技术变化如下:

——修改了原标准名称,去掉"无公害";修改"4.2　园地规划"为"4.2　园地建设","5.1　苗木质量及管理"为"5.1　苗木选择";修改了附录 B 中常用农药的种类。

——删除了"8.3　果实套袋"和"9.6　生态控制"章节。

——增加了"4.2.1　基础设施""4.2.2　整地""4.2.3　园地布局"章节;增加了附录 A 中禁用农药的种类;增加了附录 C 中潜叶甲和黑点病的防治。

本文件由衢州市农业农村局提出并归口。

本文件起草单位:衢州市农业科学研究院。

本文件主要起草人:刘春荣、杨海英、吴雪珍、徐锦涛、余耀飞。

本文件所代替标准的历次版本发布情况为:

——DB 3308/T 19—2012。

天草橘橙生产技术规程

1 范围

本文件规定了天草橘橙的术语和定义以及园地选择与建设、栽植、土肥水管理、整形修剪、花果管理、病虫害防治、果实采收及贮藏等技术。

本文件适用于天草橘橙的生产。

2 规范性引用文件

下列文件对于本文件的应用是必不可少的。凡是注日期的引用文件,仅注日期的版本适用于本文件;凡是不注日期的引用文件,其最新版本(包括所有的修改单)适用于本文件。

GB/T 8321 农药合理使用准则(所有部分)

GB/T 9659 柑橘嫁接苗

NY/T 496 肥料合理使用准则 通则

NY/T 5010 无公害农产品 种植业产地环境条件

3 术语和定义

下列定义和术语适用于本文件。

3.1

天草橘橙

以清见×兴津早生 14 号的杂交后代为母本,与佩奇橘杂交育成的柑橘品种。

3.2

容器苗

利用容器培育的苗木。

4 园地选择与建设

4.1 园地选择

4.1.1 气候条件

年平均温度 16 ℃~18 ℃,绝对最低温度≥-7 ℃,1 月平均温度≥5 ℃,≥10℃的年积温在 5 000 ℃以上。

4.1.2 土壤条件

土壤质地良好,疏松肥沃,pH 为 5.5~6.5,有机质含量在 20 g/kg 以上,土层深厚,土层在 60 cm 以上,地下水位 1 m 以下。其他按 NY/T 5010 执行。

4.1.3 灌溉水质

按 NY/T 5010 规定执行。

4.1.4 大气质量

按 NY/T 5010 规定执行。

4.1.5 地形地势

坡度宜在 25°以下。坡度 6°~25°的山地、丘陵,选择避风向阳的南坡、东南坡或水库、湖泊等岸边小气候条件好的地方种植,避免在低洼地、风口建园。

4.1.6 其他

按 NY/T 5010 规定执行。

4.2 园地建设

4.2.1 基础设施

建设园内路网、蓄水、排灌、生产管理用房等设施。营造防护林,选择杉木、桂花等速生树种。

4.2.2 整地

平地及坡度在 6°以下的缓坡地应起垄栽培,栽植行为南北向;坡度在 6°~25°的山地、丘陵地,建园时宜修筑水平梯地,梯地水平走向应有 0.3%~0.5%的比降,栽植行的行向与梯地走向相同,采用等高栽植。开挖定植沟(穴),宽、深各 60 cm~80 cm,每亩(667 m²)填埋有机肥 3 t~5 t。

4.2.3 园地布局

宜成片种植以保持无核性状。

5 栽植

5.1 苗木选择

苗木质量应符合 GB/T 9659 的有关规定。宜选择健壮的大苗。

5.2 栽植时间

宜在 9 月—10 月秋梢老熟后或 2 月—3 月春梢萌芽前栽植。

5.3 栽植密度

按每亩(667 m²)栽植的永久植株数计,平地 44 株,宜采用宽行窄株方式种植,株行距 3 m×5 m;低丘缓坡地 56 株,株行距 3 m×4 m。

5.4 栽植技术

每株施入 200 g~500 g 钙镁磷肥,将苗木的根系和枝叶适度修剪后放入、扶正、填土、踏实,在树苗周围做直径 1 m 的树盘,浇足定根水。栽植深度以土壤沉降后根茎部位露出地面为宜。

6 土肥水管理

6.1 土壤管理

6.1.1 深翻扩穴,熟化土壤

深翻扩穴一般在采收后至梅雨季结束前进行,从树冠外围滴水线处开始,逐年向外扩展。深翻扩穴每亩(667 m²)填埋绿肥、秸秆、沼渣或腐熟的人畜粪尿、堆肥、厩肥等 10 t~20 t,撒施石灰 50 kg~100 kg。深翻扩穴时表土放在底层,心土放在表层,与有机肥混拌,然后对穴内灌足水分。

6.1.2 间作或生草

幼龄园间作或生草栽培，间作物或草类应是浅根、矮秆，以豆科和禾本科植物为宜，适时刈割翻埋于土壤中或覆盖于树盘内。

6.1.3 覆盖与培土

采用秸秆或草进行树盘覆盖，厚度为 10 cm～15 cm，并离开主干 10cm 左右。冬至前培土，可培入无污染或经无害化处理的塘泥、河泥或附近肥沃的客土，厚度为 5 cm～10 cm。

6.2 施肥

6.2.1 施肥原则

总体要求是"大肥大水、施足基肥、适时追肥"。宜依据叶片营养诊断和土壤营养诊断进行合理施肥，充分满足树体对各种营养元素的需求，多施有机肥，合理施用无机肥。肥料选择按 NY/T 496 规定执行，限制使用含氯化肥。

6.2.2 施肥方法

6.2.2.1 土壤施肥

可采用环状沟施、条沟施等方法。在树冠滴水线处挖沟，深度为 20 cm～40 cm。东西、南北对称位置轮换施肥。有微喷和滴灌设施的橘园，可进行水肥一体化施肥。

6.2.2.2 叶面追肥

在不同的生长发育期，选用不同种类的肥料进行叶面追肥。春梢抽发期、花期以喷施硼、锌肥为主，其他时期则按照叶片诊断或土壤诊断因缺补缺。高温干旱期应按使用浓度范围的下限施用，果实采收前 30 d 内停止叶面追肥。

6.2.2.3 幼树施肥

以氮肥为主，配合施用磷、钾肥，薄肥勤施。春、夏、秋梢抽生期施肥 4 次～6 次，顶芽自剪至新梢转绿前增加根外追肥。8 月以后应停止施用氮肥。1 年～3 年生幼树单株年施纯氮 200 g～500 g，氮、磷、钾比例以 10：（2～3）：5 为宜。施肥量应由少到多逐年增加。

6.2.2.4 结果树施肥

氮、磷、钾比例以 10：5：8 为宜，其中有机肥不少于 40%。

年施肥 2 次～4 次，以有机肥为主，重施春肥和壮果肥，有机肥以腐熟的饼肥和蚕粪为好。施肥时间及施肥品种数量按以下要求：

a) 2 月底至 3 月上旬施春肥，株施有机肥 5 kg～7.5 kg＋尿素 0.5 kg～1 kg＋钙镁磷肥 1.5 kg～2 kg。

b) 5 月下旬至 6 月上旬施壮梢保果肥，株施复合肥 0.5 kg＋尿素 0.3 kg～0.5 kg。

c) 7 月上中旬施壮果肥，株施复合肥 1 kg～1.5 kg＋尿素 0.3 kg（树势强的不加）。

d) 11 月底果实采收后立即施采果肥，叶面追施 0.3% 的尿素＋0.25% 的磷酸二氢钾溶液＋硼、钼或锌等微量元素肥料（无缺素症状者不加）。

6.3 水分管理

6.3.1 灌溉

水质符合 NY/T 5010 规定。

天草橘橙树在春梢萌动及开花期（3 月—5 月）和果实膨大期（7 月—10 月）易缺水，在该时期若发生干旱应及时灌溉。

6.3.2 排水

及时清淤,疏通排水系统。多雨季节或园内积水时通过沟渠及时排水。

7 整形修剪

7.1 整形修剪原则

天草橘橙树势易衰弱,应围绕培养生长健壮的营养枝和结果枝来整形修剪,采用自然开心形进行整形修剪。

7.2 整形修剪要点

7.2.1 幼树期

幼龄树着重扩大树冠、培养良好树形,以轻剪为主。在地上部 40 cm～50 cm 处定干,按照 3 个主枝、每主枝 2 个～3 个副主枝的原则整形,对主枝、副主枝进行短截,适当疏删过密枝群。

7.2.2 结果期

结果树的修剪时间宜在春季萌芽前,按照"总量要重、弱树重剪、旺树轻剪"的原则进行。先剪除交叉枝、衰弱枝、病虫枝,大部分上一年结果枝组进行回缩,位置好的强旺长枝短截 1/3～1/2 后培养枝组。修剪量弱树要占整个枝叶量的 40％～50％,中庸树占 20％～30％,强旺树 10％左右。整形修剪应围绕培养生长健壮的营养枝和结果枝进行,以疏删为主,短截为辅,保证留下的枝梢生长健壮。对部分强旺枝、徒长枝只要位置适当应尽量保留。

8 花果管理

8.1 花果管理原则

天草橘橙花量多,坐果率高,花果管理应遵循"早疏、重疏"的原则。

8.2 疏花疏果

8.2.1 疏花

幼年树上的花蕾全部疏除。初结果树春季修剪以短截、回缩为主以抑花。结果树进行花前复剪,强枝适当多留花,有叶单花多留,弱枝、短小枝不留花或疏删去除。

8.2.2 疏果

人工疏果。疏果有两种方法,一种是按目标产量计算留果数,每亩(667 m²)产量以 2 000 kg～2 500 kg 为宜;另一种是叶果比,树势弱者(70～90):1,树势强者(60～70):1。全年共疏果两次,第一次疏果从 5 月 25 日开始至 7 月上旬都可进行,宜尽早完成第一次疏果,留果数按目标产量计算出的数量再加 10％。疏去病虫果、畸形果、朝天果和过小果。第二次补疏在 7 月底、8 月初进行,疏去日灼果、粗皮果、病虫果及风癣果(风吹造成的伤痕果)。

9 病虫害防治

9.1 防治原则

积极贯彻"预防为主,综合防治"的植保方针。以农业防治、物理防治、生物防治等绿色防控技术为核心,按照病虫害的发生规律和经济阈值,科学使用化学农药,有效控制病虫危害。

9.2 植物检疫

加强植物检疫,禁止从疫区调运有检疫性病虫害的苗木、接穗,一经发现立即销毁。

9.3 农业防治

9.3.1 种植防护林:按 4.2 规定执行。

9.3.2 园内间作和生草栽培:按 6.1.2 规定执行。

9.3.3 实施修剪、翻土、排水、控梢和春季清园等农业措施,减少病虫源,加强栽培管理,增强树势,提高树体自身抗病虫能力。提高采果质量,减少果实伤口,降低果实腐烂率。

9.4 物理防治

9.4.1 应用灯光防治害虫

安装频振式杀虫灯防治吸果夜蛾、金龟子、卷叶蛾等,每 2 hm² 装 1 台;安装高度为高出橘树顶端 50 cm。4月上旬装灯,10月底撤灯。每隔 3 d～7 d 打扫一次高压网和接虫袋。

9.4.2 应用趋化性防治害虫

利用蛾类害虫对糖、酒、醋液的趋性,在糖、酒、醋液中加入阿维菌素和氟氯氰菊酯等农药诱杀。

9.4.3 应用色彩防治害虫

可用黄板诱杀蚜虫。适宜悬挂密度为每亩(667 m²)20 张～25 张,每年更换一次。

9.4.4 人工捕捉害虫

人工捕捉天牛、蚱蝉、金龟子等害虫。

9.5 生物防治

9.5.1 人工释放天敌

每株成年树用 600 只～1 000 只钝绥螨防治螨类,用日本方头甲和湖北红点唇瓢虫等来防治矢尖蚧,用松毛虫赤眼蜂防治卷叶蛾等。

9.5.2 应用生物农药和矿物源农药

提倡使用苏云金杆菌、苦·烟水剂等生物农药和硫酸铜、石硫合剂和石油乳剂等矿物源农药。

9.5.3 利用性诱剂

在田间放置性引诱剂和少量农药,诱杀柑橘小实蝇雄虫,阻止成虫交配、产卵,达到控制害虫数量的目的。

9.6 化学防治

9.6.1 农药种类选择

9.6.1.1 不得使用高毒、高残毒农药,见附录 A。

9.6.1.2 农药使用必须符合 GB/T 8321 的规定,常用药剂种类见附录 B,该表将随新农药品种的登记而修订。

9.6.2 农药使用

对主要虫害防治,建议在适宜时期施药。病害防治在发病初期进行,严格控制安全间隔期、施药量和施药次数,注意不同作用机理的农药交替使用和合理混用,避免产生抗药性,见附录 C。

10 果实采收

果实采收前 30 d 停止供水。

鲜销果在果实正常成熟果面转为橙红色时采收。贮藏果比鲜销果宜早 7 d～10 d 采收。注意下雨天和晴天露水未干时不能采果。采果按先下后上、由外向内的顺序进行；树冠较高时，要站在采果梯或高凳上采摘。用圆头果剪采果，要求一果两剪，果蒂平齐。果实轻拿轻放，轻运轻卸。

11 果实贮藏

11.1 防腐保鲜剂处理

果实采收剔除落地果和机械伤果后进行防腐保鲜剂处理。防腐保鲜剂配制方法一：40%双胍盐可湿性粉剂 1 500 倍＋50%抑霉唑乳油 1 500 倍～2 000 倍。防腐保鲜剂配制方法二：40%双胍盐可湿性粉剂 1 500 倍＋45%或 50%咪鲜胺可湿性粉剂或乳油 1 500 倍。用配成防腐保鲜剂药液，浸果 30 s～60 s，然后取出晾干。防腐保鲜剂浸果必须在果实采后 24 h 内进行。

11.2 预贮

浸果晾干后放在通风挡雨遮阴的库房或走廊内预贮。预贮以温度 7 ℃、相对湿度 75%为宜。预贮时间视采收前后天气而定，一般年份 3 d～7 d，多雨年份 10 d～15 d。

11.3 分级包果

经预贮果实应进行分级，分级后的果实采用聚乙烯薄膜袋单果包果。

11.4 贮藏

11.4.1 库房准备

库房应在果实入库前打扫干净，用具洗净晒干。在入库前一周用 500 倍的 50%多菌灵或70%甲基硫菌灵，或用 1%～2%福尔马林喷洒消毒；也可以用硫黄粉 10 g 加次氯酸钠 1 g 或一熏灵 0.3 g/m³，密闭熏蒸消毒。在入库前 24 h 敞开门窗通风换气。

11.4.2 装箱贮藏

塑料袋单果套袋的果实装箱，装箱以上部留 5 cm 的空间为宜。每箱净重不超过 20 kg。果箱在库房内呈品字形堆码，箱间留 10 cm～15 cm 间隙，堆间留 80 cm～100 cm 宽的通道，四周与墙壁相隔 30 cm～40 cm。

11.4.3 贮藏库管理

库房内保持温度 5 ℃～10 ℃、湿度 90%～95%为宜。

a) 贮藏初期，库房内易出现高温高湿，利用早晚室外低温，加强通风，降低库内温湿度。

b) 贮藏中期，当气温低于 5℃时，应关闭门窗，加强室内防寒保暖，实行午间通风换气。

c) 贮藏后期，当外界气温上升至 20℃以上时，白天应紧闭通风口，在气温低的早晚通风换气。

附 录 A
（规范性附录）
天草橘橙生产中禁止使用的农药

天草橘橙生产中禁止使用的农药有六六六,滴滴涕,毒杀芬,二溴氯丙烷,杀虫脒,二溴乙烷,除草醚,艾氏剂,狄氏剂,汞制剂,砷、铅类,敌枯双,氟乙酰胺,甘氟,毒鼠强,氟乙酸钠,毒鼠硅,甲胺磷,甲基对硫磷,对硫磷,久效磷,磷胺,甲拌磷,甲基异柳磷,特丁硫磷,甲基硫环磷,治螟磷,内吸磷,克百威,涕灭威,灭线磷,硫环磷,蝇毒磷,地虫硫磷,氯唑磷,苯线磷,氟虫腈,氧乐果,水胺硫磷,灭多威,硫线磷,杀扑磷,百草枯,三氯杀螨醇等,以及国家规定禁止使用的其他农药。

附 录 B
（规范性附录）
天草橘橙生产中常用农药及注意事项

天草橘橙生产中常用农药使用安全间隔期及每年最多使用次数见表 B.1。

表 B.1 天草橘橙生产中常用农药及注意事项

通 用 名	安全间隔期/d	每年最多使用次数	通 用 名	安全间隔期/d	每年最多使用次数
螺螨酯	30	1	矿物油	45	4
哒螨灵	10	2	石硫合剂	30	3
炔螨特	30	3	代森锰锌	21	3
螺虫乙酯	40	1	苯醚甲环唑	28	3
乙螨唑	21	2	唑醚·代森联	21	3
阿维菌素	14	2	丙森锌	21	3
辛硫磷	35	1	甲基硫菌灵	21	2
啶虫脒	14	1	氢氧化铜	30	3
氟虫脲	30	2	噻唑锌	21	3
吡虫啉	14	2	王铜	30	
噻嗪酮	35	2	百菌清	21	3
氟氯氰菊酯	21	3	抑霉唑	60	1
敌敌畏	7		咪鲜胺	14	1
溴氰菊酯	28	3	双胍三辛烷基苯磺酸盐（百可得）	30	1

附 录 C
（资料性附录）
主要病虫害防治

主要病虫害防治方法见表C.1。

表C.1 主要病虫害防治

害虫名称	防治适期及指标	防治措施
红蜘蛛	11月下旬至12月中旬，平均每叶1头； 4月—6月，平均每叶3头～5头； 9月—10月，平均每叶3头。	每株成年树用600只～1 000只钝绥螨防治或选用螺螨酯、矿物油、阿维菌素、哒螨灵等药剂。
花蕾蛆	防治适期：4月中旬现蕾初期成虫出土前； 花蕾露白期。 防治指标：上年花为害率10%。	地面撒药：辛硫磷颗粒剂。 树冠喷药：敌敌畏、溴氰菊酯。
潜叶甲	3月底至4月初，幼虫孵化初期。	用氟氯氰菊酯、阿维菌素防治。
蚜虫	4月—5月；8月—9月。新梢有蚜率5%～15%时挑治，大于15%时普治。	每亩（667 m²）悬挂20张～25张黄板或用吡虫啉、啶虫脒等防治。
锈壁虱	7月—9月。有虫叶率20%或平均每叶每果15头～20头。	用阿维菌素、代森锰锌防治。
长白蚧	5月下旬；7月下旬至8月上旬；9月下旬至10月上旬。主干、主枝有虫即治。	用矿物油、螺虫乙酯、噻嗪酮防治。
糠片蚧	5月下旬；7月下旬至8月上旬；9月下旬至10月上旬。叶片有虫率5%或果实有虫率3%。	用矿物油、螺虫乙酯、噻嗪酮防治。
红蜡蚧	幼蚧一龄末、二龄初期；卵孵化末期。 上年春梢平均有活虫数1头。	用螺虫乙酯防治。
黑刺粉虱	6月上旬；7月下旬；9月上旬。 平均每叶虫数1头。	用矿物油、噻嗪酮防治。
潜叶蛾	7月—8月嫩梢抽发盛期，芽长1 cm～2 cm开始喷药，间隔7 d～10 d一次，直至停梢。 抽梢率25%～30%，嫩梢被害率15%～20%。	用阿维菌素或氟氯氰菊酯防治。
吸果夜蛾	在10月中旬果实近成熟时。	安装频振式杀虫灯或用氟氯氰菊酯防治。
溃疡病	夏、秋梢新芽萌动至芽长2 cm左右及花后10 d～50 d喷药。全年喷3次～4次。	用氢氧化铜、王铜、噻唑锌等防治。
疮痂病	春梢新芽萌动至芽长2 m前及谢花2/3时喷药。隔10 d～15 d再喷药。发病地区秋梢需喷药保护。	用苯醚甲环唑、丙森锌、甲基硫菌灵、等量式波尔多液等防治。
黑点病	在谢花2/3时第一次喷药，每隔14 d～20 d喷药一次，直至果实膨大期结束。	用代森锰锌、苯醚甲环唑、丙森锌防治。

ICS 65.020.20
CCS B 38

DB3308

浙 江 省 衢 州 市 地 方 标 准

DB 3308/T 107—2022

中药材衢枳壳生产技术规程

2022-08-08 发布

2022-09-08 实施

衢 州 市 市 场 监 督 管 理 局 发布

前　言

本文件依据 GB/T 1.1—2020 《标准化工作导则　第 1 部分:标准化文件的结构和起草规则》给出的规定起草。

本文件的某些内容可能涉及专利。本文件的发布机构不承担识别专利的责任。

本文件由衢州市农业林业科学研究院提出。

本文件由衢州市农业农村局归口。

本文件起草单位:衢州市农业林业科学研究院、常山县农业农村局、常山县天道中药饮片有限公司。

本文件主要起草人:朱卫东、汪丽霞、舒佳宾、郑雪良、汪寿根、刘春荣、赵四清、张志慧、余文慧、徐礼萍、杨波、黄志、徐小忠、唐鹏、施咏滔。

本文件为首次发布。

中药材衢枳壳生产技术规程

1 范围

本文件规定了衢枳壳生产的术语和定义以及产地环境、栽培管理、采收与加工、成品要求、包装、贮藏、运输、档案管理等。

本文件适用于衢枳壳栽培与加工。

2 规范性引用文件

下列文件中的内容通过文中的规范性引用而构成本文件必不可少的条款。其中，注日期的引用文件，仅该日期对应的版本适用于本文件；不注日期的引用文件，其最新版本（包括所有的修改单）适用于本文件。

GB/T 191　包装储运图示标志

GB/T 9659　柑橘嫁接苗

GB 15569　农业植物调运检疫规程

GB 15618　土壤环境质量　农用地土壤污染风险管控标准（试行）

SB/T 11182　中药材包装技术规范

NY/T 393　绿色食品　农药使用准则

NY/T 394　绿色食品　肥料使用准则

NY/T 5010　无公害农产品　种植业产地环境条件

《中华人民共和国药典》

《浙江省中药炮制规范》

3 术语和定义

下列术语和定义适用于本文件。

3.1

衢枳壳　Qu aurantii fructus

衢枳壳为芸香科植物常山胡柚（*Citrus aurantium* Changshanhuyou）的干燥未成熟果实，主产浙江衢州。7月果皮尚绿时采收，自中部横切为两半，晒干或低温干燥（来源：《浙江省中药炮制规范》）。

4 产地环境

4.1 产地环境

产地环境符合 NY/T 5010 的要求。

4.2 其他要求

4.2.1 气候

生产基地宜选择阳光充足、温暖湿润、雨量充沛的向阳地区,海拔 200 m 以下,全年平均气温在 16.4 ℃以上,年有效积温在 5 300 ℃以上。

4.2.2 土壤

土壤质地良好,疏松肥沃,有机质含量≥1.0%,土层深度在 1.0 m 以上,排水良好,地下水位在 1.0 m 以下,pH 为 5.5～6.5,符合 GB 15618 的要求。

4.2.3 水源

基地距水源 1 000 m 以内,可满足生产用水需要。

4.2.4 交通

基地交通方便,应远离工矿区、公路铁路干线、工业和城市污染源 500 m 以上,同时应具有可持续的生产和发展能力。

4.2.5 地形

排水良好及地下水位低的旱地,坡度≤20°。坡地建园时应修筑成水平梯地,宽度在3.0 m以上。

4.2.6 配套设施

配套基地道路、排灌、防护林、管理房、加工、仓储等设施。

5 栽培管理

5.1 种质来源

采用芸香科植物酸橙(*Citrus aurantium* L.)的栽培变种常山胡柚(*Citrus aurantium* Changshanhuyou)。选择品种(系)纯正、产品质量稳定、没有变异的成年树作为采集接穗的母本树。

5.2 种苗培育

5.2.1 砧木

选用枳属植株为砧木。

5.2.2 嫁接

选定母本树,剪取当年的健壮、无检疫性病虫害的春梢或秋梢为接穗,采用芽接、枝接等方式嫁接。

5.2.3 苗木质量

选用正规种苗公司或育种单位繁育的苗木,品种纯正、来源明确。苗木要求地径≥0.5 cm,高度≥40.0 cm,两年生以上苗;叶片健康,根茎无扭曲现象,须根发达,无检疫性病虫害,无明显机械损伤。苗木质量应符合 GB/T 9659 要求,其他调运及检疫应符合 GB 15569 规定执行。

5.3 定植

5.3.1 定植时间

裸根苗一般宜在 2 月—3 月或 9 月—10 月定植。容器苗或带土移植苗不受季节限制。

5.3.2 种植密度

株距 3.0 m～4.0 m,行距 4.0 m～5.0 m,每 666.7 m² 种植 40 株～45 株。

5.4 定植方法

5.4.1 定植沟(穴)准备

种植前 3 个～5 个月,挖宽 0.8 m、深 0.8 m～1.0 m 的种植沟(穴),定植穴规格应大于苗木土球或营养袋尺寸;种植沟(穴)每 666.7 m² 施商品有机肥或腐熟土杂肥 2 000 kg 以上。畦面宽度为 2.0 m 左右,高度在 20.0 cm 以上。

5.4.2 定植

定植穴底部撒施 15％钙镁肥 1.0 kg,并与底土拌匀后,将苗木的根系和叶适度修剪整理后放入穴中,舒展根系扶正,盖上碎土并压实;定植后确保嫁接口高于定植地面;定植后及时浇足定根水。

5.5 基地管理

5.5.1 中耕覆盖

每年夏、秋季大雨后,结合除草在树盘中耕 1 次～2 次,深 5.0 cm～10.0 cm,保持树盘土壤疏松。在干旱季节,用无害杂草、作物秸秆等覆盖树盘,覆盖物厚 5.0 cm～8.0 cm,与树干距离约 10.0 cm。

5.5.2 施肥

5.5.2.1 施肥原则

满足植株对各种营养元素的需求,以有机肥为主,化肥为辅。其他按 NY/T 394 执行。

5.5.2.2 施肥方法

5.5.2.2.1 幼树施肥

勤施薄施,以氮肥为主,配施磷、钾肥。春、夏、秋梢生长期间分别追施速效性肥料 2 次～3 次,其中抽梢前 10 d～15 d 施 1 次,叶片转绿期间再施 1 次～2 次。结合病虫害防控实施叶面追肥 2 次以上。2 年～4 年生树,年施肥次数 4 次～5 次,在 2 月、5 月、7 月、10 月施用。随树龄增大,施肥量逐渐增加。投产前一年,不再增施氮肥,增施磷钾肥。11 月—12 月,深施重施基肥 1 次,以改良土壤。

5.5.2.2.2 结果树施肥

采用浅沟施、深沟施、穴施等方法施肥。施追肥时在树冠一侧或两侧滴水线附近挖深 15.0 cm～20.0 cm 的条沟或环形沟,长度视树冠、施肥量而定。位置逐次轮换或外移。全年施肥 2 次,重施 11 月—12 月的基肥,翌年 2 月份补施花芽肥。结合病虫害防控实施叶面追肥 2 次以上。采果后及时施肥,促发秋梢。

5.5.3 水分管理

5.5.3.1 灌溉

采果后及时补水,干旱季节及时进行灌溉,水质应符合 NY/T 5010 的要求。

5.5.3.2 排水

多雨季节或地下水位高的园地,及时疏通,排除积水。

5.5.4 整形修剪

5.5.4.1 修剪原则

根据树型情况,适当剪除内堂枝,调整树冠结构,整成开心型,加强通风透光,促使植株体内养分、水分、激素等生长所需物质进行合理分配。剪除枯枝、病虫枝、徒长枝、交叉枝;对衰老的树体,应在春梢萌芽前 15 d～20 d,对树冠外围的营养枝、衰弱枝组和骨干枝的延长枝重回缩,促发强旺春梢。极衰弱的树,可在春季进行主枝或主枝短截更新,重新培养树冠。

5.5.4.2 修剪时间

冬季清园后至翌年 2 月份进行重剪;7 月份夏梢抽发期,结合控梢进行轻剪。

5.5.4.3 新梢管理

每年留春梢和秋梢,抹除夏梢。对过密的春梢和秋梢应及时疏除,每枝保留 2 个～3 个新梢并在 6 叶～8 叶摘心。

5.6 病虫害防治

5.6.1 防治原则

遵循"预防为主,综合防治,冬季清园"的植保方针。以农业防治为基础,生态控制和生物防治为重点,根据病虫害发生规律因地制宜科学使用生物防治、物理防治、化学防治等方法,经济、安全、有效控制病虫危害。

5.6.2 农业防治

种植时选择抗病虫害能力强的良种。通过科学施肥和合理排灌,提高植株抗病虫能力。

5.6.3 生物防治

采用生草栽培建立微生态平衡,禁止使用除草剂,保护和利用捕食螨等自然天敌,采用以虫治虫、以菌治虫、以菌治病的方式;在果园安装性诱剂诱杀害虫,推广使用生物型农药防治病虫害。

5.6.4 物理防治

使用杀虫灯、黄板、人工捕杀等方式。

5.6.5 化学防治

5.6.5.1 防治原则

控制化学农药使用,选用高效、低毒、低残留和对天敌危害低的药剂,减轻环境污染;对点发型病虫害可采用点治或挑治;严格执行农药安全间隔期。

5.6.5.2 防治方法

5 月—7 月胡柚小青果生长采收期内禁止使用化学药剂防治。其他时期化学防治,农药种类选择及使用,按 NY/T 393 及《中华人民共和国药典》的规定执行。具体用药按照附录 A 执行。

6 采收与加工

6.1 采收时机

7 月果皮尚绿时采收,选择晴天或阴天采收,雨天不宜采收。

6.2 采收方法

采后轻放于篓中,应避免刮伤。手工采摘,将未成熟果实(小青果)从果柄处摘下,用清洁卫生用具盛装、暂贮和转运,保持果实的完整。

6.3 初加工

将采摘的果实自中部横切成两半,及时晒干或烘干。

6.3.1 晒干

晒场先铺设草席、稻草等洁净无污染的铺垫物,切面朝上,晒至 80%～90% 转色时再翻晒。晒时切忌粘灰、淋雨;忌直接在石板或水泥地面上晒制。

6.3.2 烘干

经初加工的鲜果置于烘房,分摊厚度不超过 20.0 cm,温度控制在 50.0 ℃～60.0 ℃。

6.3.3 其他干燥方式

采用低温干燥方式,带式干燥或冷冻干燥等。

7 成品要求

7.1 性状指标

性状指标应符合表1的规定。

表 1 衢枳壳性状指标

项 目	指 标
形态	呈不规则弧状条形薄片,完整者直径为 3 cm～5 cm,近外缘有 1 列～2 列点状油室,内侧有的有少量紫褐色瓤囊。
色泽	切面外果皮棕褐色至褐色,中果皮黄白色至黄棕色。
质地、滋味	质脆,气香,味苦、微酸。

7.2 理化指标

理化指标应符合表2的规定。

表 2 衢枳壳理化指标

项 目		指 标
柚皮苷含量/%	≥	4.0
新橙皮苷/%	≥	3.0
水分/%	≤	12.0
总灰分/%	≤	7.0

8 包装

8.1 标签

标签要标注品名、生产企业、生产时间、生产批号、净含量。

8.2 包装

包装材料和包装技术应符合 SB/T 11182 相关规定。

8.3 标志

包装箱体的标识标志应符合 GB/T 191 相关规定。

9 贮藏

包装后的药材要置于室内干燥的仓库贮藏,并防潮。定期检查,防止虫蛀、霉变、腐烂等发生。不同批次药材分区存放,禁止磷化铝和二氧化硫熏蒸,也可采用冷库或气调库进行贮藏。

10 运输

运输时不能与其他有毒、有害物品混装;运输工具必须清洁、干燥、无异味、无污染,具有较好的通气性,并有防雨、防晒、防潮等措施。

11 档案管理

建立健全衢枳壳全程生产管理档案和制度。生产管理记录、检验检测报告等要有专人专柜保管。所有原始记录、生产和质量管理制度、标准、规程等要存档,保存时间不少于5年。

附　录　A

（资料性附录）

表 A.1　衢枳壳安全控制期外主要病虫害及常用安全防治方法

病虫害种类	有效成分	主要剂型	稀释倍数	每季最多使用次数	安全间隔期/d
红蜘蛛（锈螨）	联肼·乙螨唑	40％乳油（EC）	8 000～10 000	1	21
	矿物油	99％乳油（EC）	100～200	无要求	无要求
蚜虫	啶虫脒	3％乳油（EC）	2 000～2 500	1	14
天牛	噻虫啉	40％悬浮剂（SC）	200	1	7
潜叶蛾	阿维菌素	18 g/L乳油（EC）	2 000～4 000	1	14
潜叶甲	阿维菌素	18 g/L乳油（EC）	2 000～4 000	1	14
介壳虫	螺虫乙酯	22.4％悬浮剂（SC）	4 000～5 000	1	40
	矿物油	99％乳油（EC）	100～200	无要求	无要求
黄斑病	苯醚甲环唑	20％水乳剂（EW）	4 000	2	28
黑点病	代森锰锌	80％可湿性粉剂（WP）	600	2	15
	矿物油	99％乳油（EC）	200～300	无要求	无要求
炭疽病	甲基硫菌灵	70％粉剂（DP）	600～800	1	28
溃疡病	波尔多液	80％可湿性粉剂（WP）	600	2	15
清园	矿物油	99％乳油（EC）	100～200	无要求	无要求
	松脂酸钠	20％可湿性粉剂（WP）	150～200	无要求	无要求
	石硫合剂	45％粉剂（DP）	0.8～1.0波美度	1	无要求

注意：在5月—7月小青果安全控制期内，禁止使用化学药剂防治，采用物理或生物防治措施。

ICS 65.020.20
CCS B 31

DB3308

浙 江 省 衢 州 市 地 方 标 准

DB 3308/T 101—2022

鸡尾葡萄柚生产技术规程

2022-01-20 发布　　　　　　　　　　　　　2022-02-20 实施

衢州市市场监督管理局 发布

前　言

　　本文件按照 GB/T 1.1—2020 《标准化工作导则　第 1 部分：标准化文件的结构和起草规则》给出的规定起草。

　　本文件由衢州市农业农村局提出并归口。

　　本文件起草单位：衢州市农业特色产业发展中心、衢州市农业林业科学研究院、柯城区农业特色产业发展中心、衢江区农业特色产业发展中心、常山县农业特色产业发展中心、江山市特色种植业技术推广中心。

　　本文件主要起草人：吴群、程慧林、孙建城、王登亮、郑雪良、刘春荣、吴文明、翁水珍、朱一成、金昌盛 、张志慧、雷靖。

　　本文件为首次发布。

鸡尾葡萄柚生产技术规程

1 范围

本文件规定了鸡尾葡萄柚生产的园地选择、苗木定植、土肥水管理、整形修剪、花果管理、病虫害防治、采收贮运以及灾害性天气防御等技术要求。

本文件适用于鸡尾葡萄柚建园、种植和生产管理的技术。

2 规范性引用文件

下列文件对于本文件的应用是必不可少的。凡是注日期的引用文件，仅所注日期的版本适用于本文件；凡是不注日期的引用文件，其最新版本（包括所有的修改单）适用于本文件。

GB 3095 环境空气质量标准

GB 5084 农田灌溉水质标准

GB/T 8321（所有部分） 农药合理使用准则

GB 15618 土壤环境质量标准 农用地土壤污染风险管控标准（试行）

NY/T 496 肥料合理使用准则 通则

NY/T 974 柑橘苗木脱毒技术规范

NY/T 975 柑橘栽培技术规程

NY/T 2044 柑橘主要病虫害防治技术规范

NY/T 1190 柑橘等级规格

DB 33/T 328 柑橘生产技术通则

3 术语和定义

下列术语的定义适用于本文件。

3.1

鸡尾葡萄柚

以暹罗甜柚为母本、弗洛亚橘为父本杂交所得的柑橘品种，为鸡尾酒调制的添加果汁之一，略带苦味，类似于传统葡萄柚，又因果实悬挂簇生如葡萄，因而得名鸡尾葡萄柚。

4 园地选择

4.1 气候

年平均温度 16 ℃～20 ℃，小气候或者设施栽培条件下绝对最低温度≥－5 ℃持续时间不超过 4 h，1 月平均温度≥5 ℃，≥10 ℃的年有效积温在 5 300 ℃以上。

4.2 土壤

土壤土层厚 60 cm 以上，质地疏松，有机质含量在 2％以上，排水良好，土壤 pH 为 5.5～6.5，并符合 GB 15618 要求。

4.3 灌溉水

水源丰富,能满足鸡尾葡萄柚生长需求,并符合 GB 5084 要求。

4.4 大气

鸡尾葡萄柚园远离污染源,并符合 GB 3095 要求。

4.5 地形地势

适地适栽,选择排水良好的地形地势。

4.5.1 丘陵坡地

选择背风向阳、坡度 20°以下、土层深厚肥沃、排水保水性良好的缓坡。

4.5.2 平地

选择排水良好、水资源丰富、地下水位在 1 m 以下的地块。

4.6 园地整理

4.6.1 丘陵坡地应建梯地种植,平地应起垄或筑墩种植。栽植前应先挖好 60 cm～80 cm 深、60 cm 宽的种植穴或定植沟,施入有机肥时应与填入土壤拌匀。地上部分形成弧形浅垄,垄高 0.3 m,垄宽 1.5 m,以备定植。

4.6.2 园地应充分考虑道路、水利、防护林网、贮运等基础建设。

5 苗木定植

5.1 苗木

5.1.1 苗木质量规格符合表 1 要求。

表 1 苗木质量规格

级别	苗木径粗/cm	苗木高度/cm	分枝数/条	根系	检疫性病虫害	非检疫性病虫害	株落叶率/%
一级	≥0.9	≥80	≥3	良好,有丰富须根	无	轻微	≤20
二级	≥0.7	≥50	≥2	良好,有较丰富须根	无	轻微	≤20

5.1.2 选择种植二级以上质量较好的苗木。优先选择脱毒苗木和容器大苗。

5.2 定植

5.2.1 时间

春季定植时间为 2 月—3 月初,秋季定植时间为 9 月—10 月中旬。容器苗和带土移栽不受季节限制。

5.2.2 密度

丘陵坡地:株距×行距为(3.0～3.5)m×(3.5～4.0)m。

平地:株距×行距为(3.5～4.0)m×(4.0～5.0)m。

5.2.3 栽植方法

定植时使苗木嫁接口高出土面。定植后应浇足水,并保持土壤湿润,遇干旱应勤浇水保湿。隔 10 d～15 d 检查成活情况,发现死苗,及时补栽。

6 土肥水管理

6.1 土壤管理

6.1.1 改土时间

一般在冬春季进行改土，也可选择6月底至7月初进行。

6.1.2 改土方法

在株间或定植沟两侧进行改土，次年换方位，由内向外逐年进行。适时进行全园深翻改土，改土深度为40 cm～60 cm。深翻时结合施入腐熟绿肥、农家肥或商品有机肥。土壤pH≤5.5时加施土壤调理剂，调整到pH为6.0～6.5。

6.1.3 生草与种草

幼龄园和未封行橘园宜进行生草或种草。生草应注意清除恶性杂草，草高过树体高度1/3时及时割草，种草选择矮秆浅根作物，以绿肥和豆科作物为宜。

6.2 施肥

6.2.1 肥料种类和质量

参照NY/T 496要求。

6.2.2 幼龄树施肥

6.2.2.1 定植当年，3月至8月中旬每次抽发新梢时浇施一次速效肥。8月下旬至11月上旬停止施肥，11月中下旬施越冬肥。肥料种类以氮肥为主，配合使用磷钾肥。

6.2.2.2 投产前每次抽发新梢前施一次速效肥，11月中下旬施越冬肥。氮（N）：磷（P_2O_5）：钾（K_2O）以1：0.5：0.5进行搭配。

6.2.3 结果树施肥

6.2.3.1 时间与次数

6.2.3.1.1 芽前肥施肥时间为2月下旬至3月中旬，壮果肥为6月中下旬，采果肥为12月上、中旬。

6.2.3.1.2 施肥时间和次数视树体生长情况而定，树体强的可减少施肥次数；树体较弱的，宜开花期补施肥料，在天气晴朗时少量多次补充含中微量元素的有机叶面肥。实施完熟采收或采收过迟的，可不施采果肥，但应增加芽前肥的施用量。

6.2.3.2 施肥量

每公顷年施肥量为氮磷钾折合纯量1 000 kg～1 200 kg，以氮（N）：磷（P_2O_5）：钾（K_2O）=1：（0.5～0.7）：（0.8～1.0）为宜，注意镁、铁、锌、硼等中微量元素的补充。以有机肥为主。

6.2.4 施肥方法

6.2.4.1 地面施肥，挖环状、放射状、穴状施肥沟进行施肥，有条件的可用肥水同灌一体设备。

6.2.4.2 叶面施肥，微量元素、营养调节剂等宜用叶面喷施。

6.3 水分管理

6.3.1 灌溉

春梢萌动及开花期（2月—4月）、果实膨大期（7月—9月）及采后对水分敏感，遇干旱应及时灌溉。7月—8月果实膨大期，若连续7 d～8 d干旱无雨应进行适当灌水，减缓裂果。有条件的采用滴灌、喷灌的方式进行灌溉。

6.3.2 排水

保持沟渠畅通，多雨时期或园内有积水应及时排水。

7 整形修剪

7.1 各生育期修剪要求

7.1.1 营养生长期

剪除嫁接口以上 20 cm 范围内的分枝，以培养主干；整形以培养树冠为主，培养主枝、副主枝，合理布局侧枝群，形成圆锥形树形。

7.1.2 生长结果期

继续培育扩展树冠，适量结果，合理安排培育辅养枝和结果枝组。

7.1.3 盛果期

7.1.3.1 控制树体高度 2.5 m～3.0 m；保持较厚的绿叶层，树冠覆盖率为 75%～85%。

7.1.3.2 修剪因树制宜，根据具体情况灵活掌握，删密留疏，疏除、回缩过密大枝或侧枝，剪除病虫枝，控制行间交叉和树冠高度，保持树冠通风透光，立体分层，以中下部结果。

7.1.4 衰老期

进行回缩修剪，对副主枝、侧枝轮换回缩修剪或全部更新树冠，更新结果枝组，促发下部和内膛新结果枝群，逐步更新复壮树冠，延长结果年限。

7.2 修剪时期

7.2.1 休眠期修剪

设施栽培 12 月至翌年 3 月，修剪掉病枯枝，并移出鸡尾葡萄柚园，无害化处理。疏除直立性强不利于树体通透的枝条。修剪后及时做好伤口保护工作。

7.2.2 生长期修剪

根据不同生长期，进行抹芽、摘心，剪除徒长枝、过密枝、重叠枝、病虫枝，对直立枝条进行拉枝等辅助修剪，7 月—9 月高温季节切忌修剪，避免流胶现象发生。

8 花果管理

8.1 控花疏果

8.1.1 控花

花量较多时，以短截、回缩修剪为主；花期补剪，适量剪去花枝，减少营养消耗。强枝适当多留花，弱枝少留或不留；有叶花多留，无叶花少留或不留；抹除畸形花、病虫花等。

8.1.2 人工疏果

鸡尾葡萄柚结果呈串簇状，以内堂结果为主。6 月中旬至 7 月上旬定果后分次进行疏果，先疏除病虫果、畸形果、开裂果，后疏小果、顶果、特大果。

8.2 保花保果

8.2.1 控梢保果

春梢长至 2 cm～4 cm 时，按"三疏一""五疏二"疏梢，疏除细弱与特强春梢，留中庸春梢；

适当多疏去树冠顶部及外部的营养枝,内堂和下部的枝条留 15 cm～20 cm 摘心。抹去 5 月至 7 月中旬抽生的夏梢。9 月上旬秋梢抽发期喷 0.2％～0.5％尿素＋0.2％磷酸二氢钾,促进秋梢抽发老熟。

8.2.2 营养保果

视树体营养状况,开花后不定期根外追肥,补充树体所缺的中微量营养元素。适当使用营养液,盛花期至幼果期喷施叶面营养液肥 2 次～3 次,生产上宜采用 0.2％～0.5％尿素＋0.2％磷酸二氢钾＋0.1％～0.2％硼砂混合液等营养液肥。

8.2.3 植物生长调节剂保果

盛花期至谢花期,少花、结果性能差的树或遇到异常气候时喷施 1 次 50 mg/L 的赤霉素。

8.3 撑枝吊果

8.3.1 撑枝吊果时期

鸡尾葡萄柚以中下部结果为主,果实膨大期需要进行撑枝吊果,以免枝条压断变形或者果实落地遭受虫害、地热等,撑枝吊果期一般为 7 月下旬至 8 月初。

8.3.2 撑枝吊果方法

撑枝吊果选用不同的材料和装置,以毛竹、钢管等材料固定在树根基部,形成伞状绑缚托起挂果枝。

8.4 果实套袋

8.4.1 套袋时期

鸡尾葡萄柚果实套袋适期为 8 月上旬,避开高温期。

8.4.2 套袋方法

套袋前根据鸡尾葡萄柚病虫害发生情况全面喷药 1 次。药液干后当天内选择生长正常、健壮的果实进行套袋。以双层纸袋为佳,袋口应扎紧。果实采收前 20 d～30 d(10 月中下旬)及时摘袋,有助于增糖降酸。

9 病虫害防治

9.1 防治原则

综合运用多种防治措施,优先采用农业措施、生物措施和物理措施等非化学方法防治,必要时也可适当采用化学措施。

9.2 防治措施

9.2.1 非化学方法防治

实施翻土、修剪、清洁橘园、排水、控梢、生草栽培等农业措施,增强树势,提高树体自身抗病虫能力;采用性引诱剂、释放天敌、清除寄主植物等生物防治措施;采用灯光诱杀、色板诱杀、驱避等物理防治措施。

9.2.2 化学方法防治

9.2.2.1 实行指标化防治,主要病虫害防治适期和防治指标见附录 A。

9.2.2.2 对症下药,周到喷药。交替使用不同药剂。

9.2.2.3 针对主要防治对象,选择高效、低毒、低残留农药,严格掌握安全间隔期。使用规范可按 GB/T 8321(所有部分)或农药标签的规定执行,或接受当地农业技术推广部门的指导。推荐的农药品种见附录 A。

9.2.2.4 不得使用禁用农药,禁用农药清单见附录 B。

10 采收贮运

10.1 采收

10.1.1 采收成熟度

鲜销的果实宜完熟采收,当果面转色 90%以上,品质达到该品种固有品质特征时采收。露地栽培的鸡尾葡萄柚,需要在冷害来临前大约 11 月中旬前后分批采收完毕。

10.1.2 工具

应选择圆头、剪口锋利的采果剪。采果盛放器具应结实,内壁光洁。

10.1.3 采收时间

采前 30 d 进行控水。采收在晴天进行,确需雨后采摘时,也需待果面雨水干后采摘。

10.1.4 采收方法

立即销售的果实可带叶采收或剪到齐果蒂。贮藏果实应剪到齐果蒂,以不突出碰伤其他果实为宜。采摘过程需轻拿轻放,注意避免损伤果实和树体。

10.2 贮藏

采收后不立即销售的果实应进行贮藏。

10.2.1 预处理

贮藏的果实在采摘后 24 h 内进行防腐保鲜处理。然后在遮阴通风处摊放 5 d~7 d,使果实降温和部分水分自然散失后用保鲜袋单果保鲜。

10.2.2 贮藏

短期贮藏选择通风阴凉处贮藏,长期贮藏建议冷库贮藏。贮藏期间注意检查,发现有腐烂果及时处理。

10.3 分等分级

参考 NY/T 1190 要求。精品鸡尾葡萄柚果实橙黄色,扁圆,表皮光滑且皮薄,单果重 350 g~400 g 左右为宜。

10.4 运输

选择符合有关规定的车辆。搬运时轻拿轻放,放置整齐,并保持一定的通气性。运输过程中注意保持温度稳定。

11 灾害性天气防范与灾后管理

影响鸡尾葡萄柚生产的灾害性天气主要是冻害。台风对鸡尾葡萄柚生产也有一定影响。

11.1 冻害雪灾

11.1.1 防御措施

11.1.1.1 主干大枝涂白;地面覆盖,搭避冻棚,设防风障,用稻草制作的草帘包扎树体等。

11.1.1.2 冻害来临前适当灌透水,保持土壤含水量。

11.1.1.3 寒潮来临前关注天气预报,气温低于−5℃,提早熏烟,防止冷空气下沉。

11.1.1.4 有条件的进行设施栽培,利用煤炉、热风机等提高棚内温度。

11.1.2 灾后管理

11.1.2.1 及时除去树冠积雪。

11.1.2.2 轻冻树:及时摘除受冻后卷曲干枯的未落叶片,用0.2%尿素和0.2%磷酸二氢钾根外追肥2次~3次,以利恢复树势。

11.1.2.3 重冻树在春芽萌发后,确定死活分界后,锯除受冻部分,并及时注意伤口保护,涂抹伤口保护剂。

11.1.2.4 春芽萌发后,重视培肥管理,开沟排水,做好病虫防治,及时根外追肥和喷洒药剂。

11.2 台风防御

11.2.1 建立网格化防护林或者在鸡尾葡萄柚园周边搭建防风网,降低风速。

11.2.2 台风过后,及时扶正树体,同时剪除折断的枝梢或疏删果实。排除积水,防止淹水霉根。

11.2.3 雨后立即喷布0.5%~0.7%等量式波尔多液或70%代森锰锌600倍液等防病。

11.3 干旱

11.3.1.1 干旱来临前及时进行树盘覆盖。

11.3.1.2 利用蓄水池或喷滴灌等设施进行抗旱。树体有缺水症状时,应及时灌水。高温天气灌水应在早晨或傍晚进行。

11.4 涝害

11.4.1 做好排水设施建设。

11.4.2 受涝后,及时排水,视水淹时间和树体生长情况,进行修剪、摘叶、松土处理,喷叶面肥补充营养。

12 生产管理模式图

生产管理模式图参见附录C。

附 录 A

（资料性附录）

鸡尾葡萄柚常见病虫害防治

鸡尾葡萄柚主要病虫害及防治方法见表 A.1。

表 A.1 鸡尾葡萄柚常见病虫害和防治方法

防治对象	防治适期	防治指标	推荐防治方法
黑点病（树脂病）	4 月—7 月（叶片、枝干、果实）。	主干和枝条上见病斑； 上年发病较重的园块。	1. 加强肥水管理，健壮树势，休眠期合理修剪； 2. 及时清洁树体，去除枯枝、枯叶及病虫枝叶，并拿出园外销毁； 3. 春季用石硫合剂清园，幼果期选用代森锰锌等。
炭疽病	新梢抽发期； 幼果期； 高温暴雨过后； 本地早坐果后。	梢、叶、果发病率 4%～5%； 急性型的见病即治。	1. 加强肥水管理，健壮树势，合理修剪； 2. 春季用石硫合剂清园，幼果期选用代森锰锌、代森锌等。
潜叶甲	每年 4 月—5 月春梢危害最重；4 月～9 月新梢抽发期。	春梢嫩叶有卵率 15%～20%。	1. 阿维菌素； 2. 春季清园用松碱合剂。
蚜虫	4 月—5 月； 8 月—9 月。	新梢有蚜率 25%。	选用吡虫啉、啶虫脒等。
红蜘蛛	冬春季清园； 4 月—6 月； 9 月—10 月。	冬春季清园平均每叶 1 头； 4 月—6 月平均每叶 2 头～3 头； 9 月—10 月平均每叶 3 头。	1. 冬、春季清园用松碱合剂、矿物油、石硫合剂等； 2. 春季用螺虫乙酯、阿维菌素等； 3. 夏秋季用螺螨酯、投放捕食螨等。
黑刺粉虱	春季萌芽前； 5 月—9 月上旬各代 1 龄～2 龄若虫期。	平均每叶虫数 1 头以上。	1. 春季清园用石硫合剂或松碱合剂； 2. 矿物油、噻嗪酮等。
锈壁虱	7 月—10 月。	10 倍放大镜每视野 2 头～3 头。	1. 春季清园用松碱合剂、矿物油、石硫合剂等； 2. 春季用哒螨酮、螺螨酯、阿维菌素等； 3. 夏秋季用螺螨酯、微生物制剂等。
蚧类	春梢萌芽前； 5 月下旬、7 月中旬、9 月上旬孵化盛期。	果实有虫率 3%； 叶片有虫率 8%。	1. 春季清园用松碱合剂； 2. 矿物油、噻嗪酮等。
潜叶蛾	7 月—8 月嫩梢抽发盛期，芽长 1 cm～2 cm 开始，间隔 7 d～10 d 一次，直至停梢。	5%嫩梢上的未展开叶片有危害。	1. 抹芽控梢，统一放梢； 2. 选用吡虫啉、啶虫脒、除虫脲等。

表 A.1（续）

防治对象	防治适期	防治指标	推荐防治方法
橘粉虱	1 龄～2 龄若虫期。	田间群集性成虫。	1. 挂诱虫黄板； 2. 选用噻嗪酮、吡虫啉等。

附 录 B
（资料性附录）
禁止使用农药

　　柑橘园禁止使用的农药有六六六、滴滴涕、毒杀芬、二溴氯丙烷、杀虫脒、二溴乙烷、除草醚、艾氏剂、狄氏剂、异狄氏剂、汞制剂、砷、铅类、敌枯双、氟乙酰胺、甘氟、毒鼠强、氟乙酸钠、毒鼠硅、甲胺磷、对硫磷、甲基对硫磷、久效磷、磷胺、甲拌磷、甲基异柳磷、特丁硫磷、甲基硫环磷、治螟磷、内吸磷、克百威、涕灭威、灭线磷、硫环磷、蝇毒磷、地虫硫磷、氯唑磷、苯线磷、氧乐果、水胺硫磷、灭多威、硫线磷、氟虫腈、杀扑磷、氯磺隆、福美胂、福美甲胂、胺苯磺隆、甲磺隆、百草枯、林丹、磷化钙、磷化镁、磷化锌、硫丹、六氯苯、氯丹、灭蚁灵、七氯、十氯酮、三氯杀螨醇、溴甲烷、2,4-滴丁酯以及国家规定禁止使用的其他农药。

附 录 C

鸡尾葡萄柚生产管理模式图

月份	一月	二月	三月	四月	五月	六月	七月	八月	九月	十月	十一月	十二月
节气	小寒 大寒	立春 雨水	惊蛰 春分	清明 谷雨	立夏 小满	芒种 夏至	小暑 大暑	立秋 处暑	白露 秋分	寒露 霜降	立冬 小雪	大雪 冬至

生育期：休眠期 / 花芽分化 / 春梢生长期 / 开花期 / 新梢生长、夏梢老熟期 / 生理果果 / 秋梢生育期、新梢生长 / 果实发育期 / 果实膨大期 / 转色成熟期 / 花芽分化期 / 果实采收期

农事提示：冻害、旱害、寒潮、冰冻

图书在版编目（CIP）数据

衢州柑橘生产标准汇编 / 王登亮，程慧林，吴群主编 . —北京 ：中国农业出版社，2023.6
ISBN 978-7-109-30783-4

Ⅰ.①衢…　Ⅱ.①王…　②程…　③吴…　Ⅲ.①柑桔类—果树园艺—行业标准—汇编—衢州　Ⅳ.①S666-65

中国国家版本馆 CIP 数据核字（2023）第 104328 号

中国农业出版社出版

地址：北京市朝阳区麦子店街 18 号楼
邮编：100125
责任编辑：阎莎莎　张　利　文字编辑：李兴旺
版式设计：王　晨　责任校对：刘丽香
印刷：北京中兴印刷有限公司
版次：2023 年 6 月第 1 版
印次：2023 年 6 月北京第 1 次印刷
发行：新华书店北京发行所
开本：787mm×1092mm　1/16
印张：7.75
字数：193 千字
定价：49.00 元